JN226777

YOU & I

photographer:Satoshi Kuronuma　hair&make-up:RIE　stylist:NIMU

話題のスター・ウォーズTでおソロコーデ♡ 〈emi〉カットソー（ミュベール ワーク）／ギャラリー ミュベール スカート（ピーターイェンセン）、サングラス（スーパー バイ レトロスーパーフューチャー）／ディプトリクス（ショールーム） ヘアバンド（サラ&ブレッド）／ピーチズ&クリーム 〈babychi〉パンツ（ウォルフ アンド リッタ）／ミンパ サングラス（Rare Rabbit）／ユーノイア デザインストア カットソー、中に着たタンクトップ／スタイリスト私物

s'eee Mama & Baby | Page. 6

I'm a Model

キュートなアニマル柄を色違いで。〈emi〉ワンピース、つけ衿（シンシアリーユアーズ アット ストレトシスイン）、靴（ヴィヴェッタ）／H3O ファッションビューロー　ソックス／スタイリスト私物　〈babychi〉トップス、パンツ（シンシアリーユアーズ アット ストレトシスイン）／H3O ファッションビューロー　スカート（ワカモノ）／ミンバ　ソックス／ボントン 代官山　靴（コンバース）／コンバース インフォメーションセンター

s'eee Mama & Baby | Page. 9

HI
TEDDY!

s'eee Mama & Baby | Page. 11

Isn't She Lovely?

EDITED BY SUZUKI EMI

vol. 5

Mama & Baby

CONTENTS

- 002 YOU & I
- 018 INDEX
- 020 EDITOR'S VOICE

Chapter 1 Pregnancy
妊娠

- 022 **HOW I FELT WHEN I FOUND OUT**
  妊娠が発覚したときのキモチ
- 024 **THINGS TO LOOK OUT FOR WHEN PREGNANT**
  気をつけたこと、あれこれ
- 025 **BE PREPARED**
  妊娠がわかってすぐ用意したもの
- 026 **ABOUT MORNING SICKNESS**
  つわりについて
- 028 **MONEY ISSUE**
  出産に向けてのお金モンダイ
- 030 **COLUMN 1** THE HISTORY OF EMI'S EVOLUTION
  えみのマタニティ進化の歴史

Chapter 2 Maternity Life
マタニティライフ

- 032 **EMI'S MATERNITY FASHION**
  えみ's マタニティファッション
- 036 **HEALTHY LIFE**
  プレママえみのヘルシーライフ
- 038 **HOW TO MAKE A "IKUMEN"**
  イクメンの作り方
- 040 **HAPPY BABY SHOWER**
  世界一HAPPYなベビーシャワー！
- 042 **COLUMN 2** WISH LIST
  出産祝い・ご予算別おねだりリスト

Chapter 3 Delivery
いよいよ出産

- 044 **HOW TO TAKE MATERNITY PHOTOS**
  How to take マタニティフォト
- 046 **PLACES TO GO BEFORE BIRTH**
  産まれる前に行っておこうスポット
- 047 **WHERE & HOW?**
  どこでどう出産する？
- 048 **TO DO LIST BEFORE DELIVERY**
  出産前の To Do リスト
- 050 **BIRTH EXPERIENCE**
  えみの出産体験記
- 052 **COLUMN 3**
  OTHER MAMA'S EPISODES
  ママ友たちの出産体験記
- 054 **BEAUTIFUL MAMA TALK**
  美しすぎるママトーク PART 1 with 今宿麻美さん

Chapter 4 Start Parenting
子育てスタート！

- 058 **MAMA'S FASHION**
  ママ's ファッション
- 064 **HEALTH & BEAUTY**
  産後のヘルス＆ビューティ
- 070 **BABY GOODS AND INTERIOR**
  ベビーグッズ＆インテリア
- 072 **BABY'S ROOM**
  ベビー's ルーム
- 074 **EMI BOUGHT THESE**
  えみが買ってよかった！と思うもの♡
- 075 **GIFT CATALOG**
  素敵な内祝いカタログ
- 076 **MAMA'S MENTAL HEALTH**
  ママの心の問題
- 078 **SUPPORT FOR WORKING MAMA**
  働くママたちへの子育てサポート

Chapter 5 Steps To A Kid
キッズへの階段

- 080 **MAMA & KID'S FASHION**
  ママとキッズのファッション
- 084 **KID'S WEAR BY STYLE**
  キッズのおしゃれ
- 086 **BABYCHI ON INSTAGRAM**
  ベビちぃのインスタグラムの作り方
- 088 **EMI SELECTS KID'S TOY**
  キッズのおもちゃ
- 092 **AREA MAP**
  エリア別お出かけMAP
- 096 **BEAUTIFUL MAMA TALK**
  美しすぎるママトーク PART2 with 佐田真由美さん
- 098 **EMI'S MAMA FRIENDS**
  えみのママ友FILE

Chapter 6 Happy Family Life
家族のくらし

- 100 **STOP BREASTFEEDING**
  断乳のハナシ 〜さよならおっぱい〜
- 102 **PETS & BABY LIVING TOGETHER**
  ペットとベビちぃの共同生活
- 104 **STROLLERS & BICYCLES**
  ベビーカー＆ママチャリ比較
- 106 **GO! GO! LET'S PLAY**
  家族で行きたいお出かけスポット
- 112 **THE AGE OF 30**
  30歳を迎えてえみが想うこと
- 116 **SHOP LIST**

- 053 **MUST HAVE ITEM FOR YOUR FOOT CARE**
  脚の疲れが気になったら着圧ソックスが強い味方！（ピップ）
- 056 **TAKING SELFPORTRAIT PHOTOS IN EASY WAY**
  ベビちぃといっしょに簡単パチリ★（Pachil by WEAR LIMITED）
- 062 **LIP MAKE-UP FOR FASHIONISTA MAMA**
  おしゃれママがまとうリップの正解は…？（M・A・C）
- 068 **KEEP THE SHINY HAIR AS A MAMA**
  ママになっても輝く髪でいたい！（アスタリフト）

COVER CREDIT
photographer:Satoshi Kuronuma
hair&make-up:RIE stylist:NIMU

〈emi〉ドレス／ブリスマン　シューズ／ツル バイ マリコ オイカワ　〈babychi〉トップス（リトル バリンカ）／バリンカ二子玉川ライズ S.C.店　スカート（babyGap）／Gapフラッグシップ原宿

BACK COVER CREDIT
photographer:kisimari(W)
hair&make-up:Mifune stylist:Kumi Saito

〈emi〉ニット／スタイリスト私物　スカート／フレイ アイディー ルミネ新宿2店　〈babychi〉ブラウス／ボントン 代官山

COVER TALK

すでに12kgになろうというベビちぃを片手に抱っこしながら、s'eeeのポーズをきめるえみ。ハッと気づくと、ベビちぃまで"シー"してる！
「早く、早く、かわいいから撮って、撮って！」とスタッフ、俄然ヒートアップ。
だんだんプルプルとふるえてくるえみの腕。でもポーズはぶれない…。
着こなし力もさすがなふたりの、プロ（？）根性を垣間見たひと時なのでした。

Dear readers

Editor's Voice

2014年に『s'eee Mama&Baby』をデジタル版というアプリ形式で作り、
たくさんの方から「ママ業の合間に手軽に見られていい！」
「すぐショッピングできて便利」と反響をいただきました。
その反面、「やっぱり紙でも見たい！」「本棚に並べたい！」という声も多数あり…。

こうしていま、念願叶ってBOOK版が発売になりました！
新コンテンツも加わって、バージョンアップしております。

私がライフワークとして発信している『s'eee』もこの本で実質第6弾になります。
最初に『s'eee』を出したときとは、私を取り巻く環境も大きく変わったけど、
ずっと変わらないのは"何ごとも諦めない"というキモチ。

おしゃれも、ビューティも、子育ても、夫婦生活も。
ママライフは毎日がめまぐるしいけど、
なにかを妥協する必要はない、って思う！

そんな欲張りな私が、初めての妊娠、出産、子育てをしていく中で、
出会った、見つけた、学んだ、あれこれを
ギュギュッとこの1冊に詰めこみました。

この本を手に取ったすべての人々がハッピーになりますように。
そんな願いを込めて♥

2016 Jan.
Emi Suzuki

Chapter 1
Pregnancy
〈 妊娠 〉

結婚後すぐにお腹にやってきたベビちぃ。
でも初めての妊娠は不安や迷いもいっぱいで…

1 HOW I FELT WHEN I FOUND OUT
妊娠が発覚したときのキモチ

2 THINGS TO LOOK OUT FOR WHEN PREGNANT
気をつけたこと、あれこれ

3 BE PREPARED
妊娠がわかってすぐ用意したもの

4 ABOUT MORNING SICKNESS
つわりについて

5 MONEY ISSUE
出産に向けてのお金モンダイ

COLUMN 1
THE HISTORY OF EMI'S EVOLUTION
えみのマタニティ進化の歴史

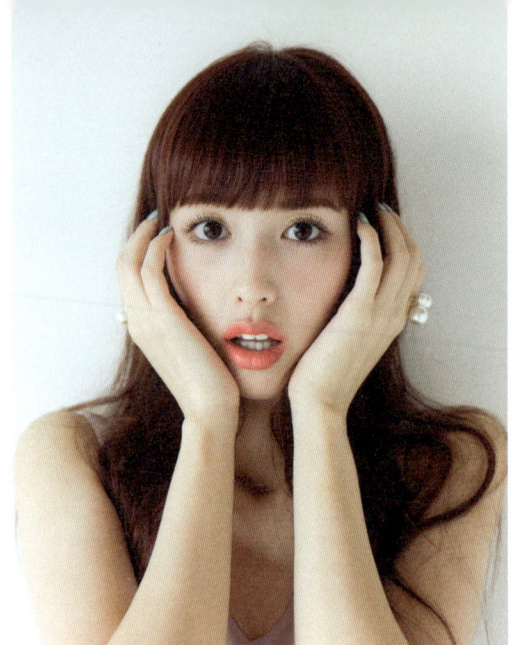

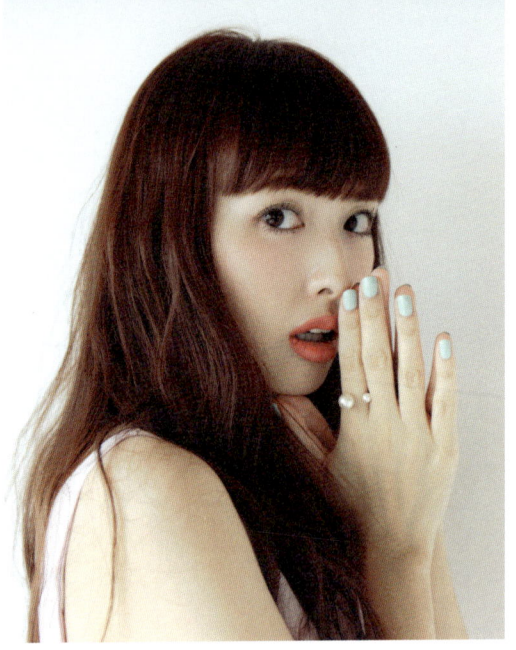

HOW I FELT WHEN I FOUND OUT

妊娠が発覚したときのキモチ

えみがお腹の天使の存在に気づいたときの率直な思いを告白！

photographer:kisimari(W)　hair&make-up:Mifune　stylist:Kumi Saito

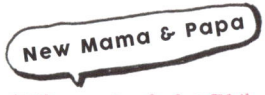

New Mama & Papa
新米ママとパパの誕生

付き合って2週間目で突然の「結婚しよう」のプロポーズ。そして3ヶ月目には入籍していた私たち。まるで、運命に促されるようにハイスピードで進んでいった結婚までの道のり。そこに、さらなる急展開をもたらしたのが、入籍後間もなく私たちのもとへやってきた赤ちゃんでした。「もしかして？」「いや、ぬか喜びは危険だぞ」と計3本も試した妊娠検査薬。“オナカに赤ちゃんがいますよ”の印を示したそれを目の前に、沸き上がってくる尋常じゃないほどのドキドキと喜びをおさえつつ「一回落ち着こう」と、当時ハマっていたスマホのゲームを二人並んでワンゲーム。それが、パパとママになった私たちの最初の姿（笑）。

生活が不規則で食べ物の好き嫌いも多い私は、「もしかしたら、妊娠しづらい体質なんじゃないか」ってヒソカに不安を抱えていたの。それだけに、最初は喜びよりも驚きのほうが大きかった。私のオナカの中に新しい命が宿っている…それはスゴク不思議な感覚でした。

そんな生物学的な驚きからスタートした私の妊婦生活。まず驚いたのが「高い場所にあるものを取っちゃダメ」「自転車もダメ」「長距離の移動もダメ」。妊婦について調べれば調べるほど「ダメ」のオンパレード。正直、「これじゃ何もできないじゃん!!」って。赤ちゃんの心音が聞こえるまでは「何が起きるかわからない」。不安だらけだから、いろいろと調べすぎて、また不安になる…最初の頃は神経質になってしまうことも多くて、だからこそ初めて赤ちゃんの心音を聞いたときはすごくホッとした。「ちゃんと育ってくれているんだ」って。

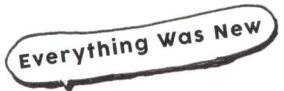

Everything Was New
“初めて”だらけの10ヶ月

近所の駅で「妊婦です」と告げて駅員さんからもらったマタニティマークのキ

ーホルダー。それを手にしたときは、うれしかったけど、なんか照れ臭かったな〜。とにかく初めての妊娠は初体験だらけでした。たいていの妊婦さんが経験するであろう"むくみ"も"胃もたれ"も"便秘"も、実は私にとっては"生まれて初めての経験"だったの。だからかな、戸惑いつつもどこかで楽しんでいる自分がいたんだよね。「これが噂の"むくみ"か!!」って（笑）。オナカの中の赤ちゃんの成長と共に、私の体にあらわれた体調の変化。でも幸いにもひどいつわりはほとんどなかったんだ。まわりの人は「つわりがラクでよかったね」って言ってくれたんだけど…。一ヶ月に一度の健診で赤ちゃんの様子は確認できるものの、つわりがないだけに、胎動を感じるまではオナカに子供がいる実感を得ることができなくて。そこで、私が購入したのが聴診器。「ちゃんと元気にしてるのかな？」。そう不安になったときはそれをオナカにそっと当てたの。すると、小さく鼓動する心臓の音が聞こえてくる…その音に耳を傾けながら、次の健診までの待ち遠しい時間を過ごしました。

Hormone Balance
鈴木えみ"ジャイアン"になる

ホルモンバランスの関係で情緒不安定になる―。それもまた、妊婦さんによくある心と体の変化。何があっても動揺しない"ニュートラル人間"として有名な鈴木ですが、さすがに妊娠中は、世間の妊婦さん同様に心が乱れました。初めての経験への不安が大きかったというのもあったと思うんだけど。

普段は気にならない些細なことが気になったり、感情のコントロールが上手にできなくなったり、ときにはそれが爆発してしまうことも…夫の言葉を借りると、当時の私は「ジャイアンみたいだった」そう（笑）。

NO MORE NOS
「あれもこれもダメ」はやめた!!

そこで、自分の心のバランスを保つために私がとった行動のひとつが、むやたらに情報を"調べないこと"。そして"信じすぎないこと"。不安の大きな原因はいろいろと考えすぎてしまうことにあるから。だからこそ「大丈夫、順調ですよ」という担当の先生の言葉だけを信じるように心がけたの。そして「あれもこれもダメ」もやめた!! 世間に溢れている「ダメ」を全部信じて守っていたら、普通に生活できないだけじゃなく、毎日食べるものすらなくなってしまいそうで…。ストレスを溜めこんで窮屈に過ごすよりも、本当に必要な最低限の「ダメ」、と自分が心地よく守れる「ダメ」に従いながら、貴重な"今"をちゃんと楽しもうと思ったんだ。

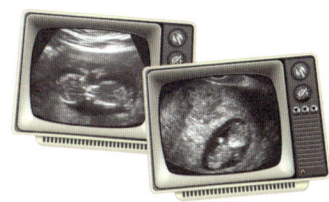

妊娠11週目と13週目のときにお腹のなかにいる赤ちゃんのエコー画像。健診のたびに動いてる姿を見るのが楽しみで♡ 毎回モニター画面にクギづけでした。この画像は今でも大切に大切に保管しています。

HOW I FELT WHEN I FOUND OUT

THINGS TO LOOK OUT FOR WHEN PREGNANT

気をつけたこと、あれこれ

妊娠が発覚してまず注意したことは？　環境、食べ物……etc.

お酒をやめた（笑）

当然ながら、これはすぐに。授乳が終わるまで、長い長～い禁酒生活は続きました…。代わりにワイン風の濃厚ぶどうジュースを飲んでみたりして、気分だけでも楽しんでたよ♪

[GRAPE JUICE]

おいしいだけでなく、カリウムやマグネシウム、カルシウム、鉄、ポリフェノールなど、体にいい栄養素を豊富に含んだ濃厚なぶどうジュース。トラウベンモスト 赤ぶどうジュース、白ぶどうジュース 各1000ml 各¥1600／エイ・ダブリュー・エイ

カフェインをセーブ

胎盤を通して胎児に蓄積されるというカフェイン。さらにママにとって大事なカルシウムも、カフェインによって排出を促されちゃうと聞き、控えるように。コーヒーはデカフェにするなど、代わりがあるものはできるだけ代用してました。

食材に気を配る

アレルギー対策のため、基本的に牛乳は控えて、ちょうど気になっていたアーモンドミルクやソイ、ライスミルクなどにチェンジ。お魚も水銀が気になって、特にマグロなどの大型魚は食べる量に注意！　卵は有精卵を選ぶようにして、生卵はセーブ。

[ALMOND MILK]

アーモンドから作った植物性のミルク。アーモンドの栄養成分、ビタミンEを豊富に含み、しかもカロリーは低脂肪牛乳の約半分。
アーモンド・ブリーズ オリジナル 200ml ¥105／ブルーダイヤモンドグロワーズ

副流煙に注意！

いちばん最初に敏感になったのがタバコのニオイだったかな。今まで以上にまわりの副流煙が気になり始めて……。妊娠すると五感が変わって、香りや味などの感じ方が変化するから不思議。

Chapter 1 | Pregnancy

❶ CLARINS
❷ erbaviva
❸ WELEDA

BE PREPARED

妊娠がわかって すぐ用意したもの

まずはマタニティライフを楽しくおくるための 2種類のアイテムをご紹介！

Item 1 マッサージオイルはマストアイテム！

するとしないとでは大違いのストレッチマーク（＝妊娠線）ケア。一度できてしまうとなかなか消せないからこそ、予防が大事！ プロダクトによっておすすめしている使用期間は違うけど、私は妊娠発覚直後からお腹、太もも、ヒップ、バストをマメにお手入れしてたよ。おかげで出産後もストレッチマークはゼロ♪

❶ 肌の弾力を保ち、引き締めることでストレッチマークを予防。さらに独自のメソッドと併用することで、できはじめの妊娠線にも対応。ストレッチマーク ボディ クリーム 200g ¥7000／クラランス　❷ ローズとキャロットシードを配合したオイルがハリのある肌へと導き、妊娠線を予防する。ライトな香りでニオイに敏感な人にもOK。エルバビーバ ストレッチマークオイル 125ml ¥4230／スタイラ　❸ 産前、産後の引き締めケアに。お腹やバストのつっぱり感を緩和させる。高品質のアーモンドオイルやアルニカ花エキス配合。ヴェレダ マザーズ ボディオイル 100ml ¥3800／ヴェレダ・ジャパン

❶ Kate Spade New York　❷ knick knack　❸ agnès b.

Item 2 母子手帳ケースで早くもママ気分♪

健診のたびに幸せな思い出を記録していく母子手帳。妊娠初期から産後まで長く使うものだから、見た目も可愛く機能性もアップするカバーをつけて、ハッピーな気分を底上げして！

❶ ケイト・スペードのアイコニックなリボン柄がプリントされたシックなジップ付きケース。内側はキュートなベージュのドット柄。ケイト・スペード ニューヨーク flatiron nylon alexi brag book ¥19440／ケイト・スペード ジャパン　❷ キュートなモンスターがハッピー気分をさらにアップ！ 豊富なポケットだけでなく、ペンホルダーや小銭入れも付いているので、実用性も抜群。モンスター マルチケース ¥1800／ニックナック　❸ フレンチブランドらしいボーダーのデザイン。グレーとピンクの2色展開。出産祝いのギフトとしても人気。アニエスベー 母子手帳ケース ¥4800／アニエスベー

s'eee Mama & Baby | Page. 26

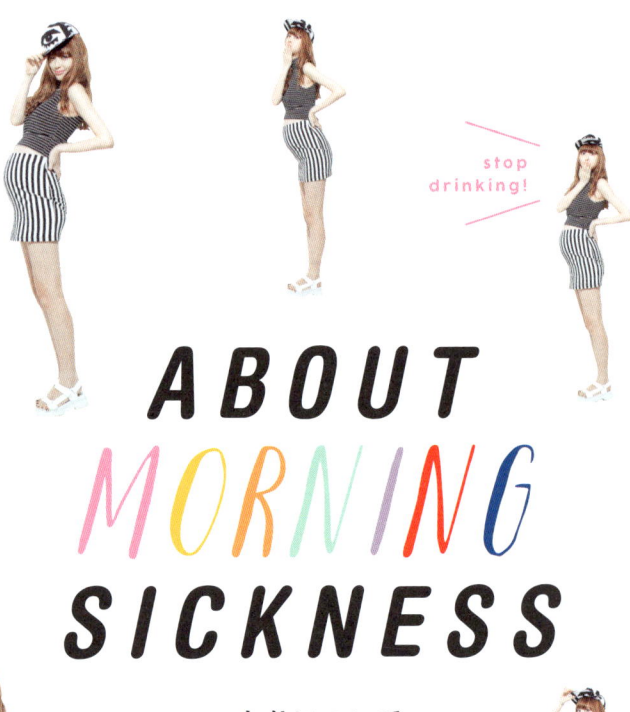

stop drinking!

no smell, please

ABOUT MORNING SICKNESS

つわりについて

だるい、眠い、気持ち悪い。
そんなつわりを乗り切るには？

RECOMMENDATION!

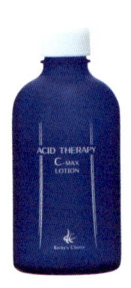

❶ Kathy's choice

❷ john masters organics

無香料でやさしいコスメに！

妊娠5～6週目頃から始まるつわり。私の場合はほとんどなかったとはいえ、ニオイには敏感になったので、肌や髪に使うアイテムを無臭タイプにチェンジ。ありそうで意外とない無香料のヘアケア＆ローションはこちらがおすすめ！

❶ 乾燥や外的ダメージから受ける肌の刺激を和らげる美容液タイプのエッセンシャルローション。ハリのあるワンランク上の肌へと導く。C-マックス ローション 100ml ¥8000／キャシーズチョイス　❷ すべてオーガニックかつ無香料。泡立ちのいいシャンプーとスタイリング剤としても使えるデタングラー、泡切れのよいボディウォッシュとみずみずしい仕上がりのボディ乳液。ジョンマスター オーガニックベアシリーズ ベアシャンプー ¥2130、ベアデタングラー ¥2300、ベアボディウォッシュ ¥2230、ベアボディローション ¥2430 各236ml／スタイラ

Chapter 1 | Pregnancy

MAMA'S EXPERIENCE　こんなつわりで悩んだママたちも！

黒木なつみさん
モデル
「Yupendi」デザイナー

"食べづわり"で1日にケーキを2個食べたことも

「私の場合は、口に何か入れていないと気持ち悪くなる"食べづわり"がひどくて。その反面、お肉はもちろん、お魚も脂っぽいモノは全部NG。さっぱりしたパイナップルや梅干、サラダばかりを食べていました。そんな生活も妊娠後期に入ると一変。普段めったに口にしない甘いモノを食べたい欲求が抑えきれなくなり、1日にケーキを2個食べたことも（笑）。おかげで体重が10kg増えて、母子手帳には赤線を引かれましたが、妊娠中はストレスをためずに過ごすことも、すごく大切だと思います」

川口ゆかりさん
ファッションライター

無理しない程度の外出で気分転換するのが大事！

「二日酔いと胃酸過多と車酔いがいっぺんに襲ってくるようなあの感覚、本当に辛かった！　当時はとにかく体調が悪くて、吐いてしまうことが多かったので、無理をせず、自分が食べたいものだけを少量ずつ口に入れて安静にしていました。体調が安定してからは積極的に外出して気分転換。つわりの時期はどうしても家に閉じこもってしまいがちですが、近所をお散歩するなど、出来る範囲で外の空気を吸うのもおすすめ。つわりから気がそれて、気分がラクになることもありますよ」

平沢朋子さん
美容ライター

空腹を感じたらレシピを眺めてイメトレで満腹に！

「妊娠初期、6〜9週間くらいまでは"食べづわり"がずっと続いていました。お腹が空くとほんのり気持ち悪さを感じるので、常にアメやチョコレートなどちょっとしたお菓子をバッグにインしていましたね。ご飯を食べてもまだ空腹を感じることもあって、そんなときは美味しそうな料理のレシピを眺めて、イメージで満腹中枢を満たしてました（笑）。でも周りの人の話を聞くと、私は全然ラクな方だったんだと思います。本当に妊娠もつわりも人それぞれなんですよね」

ABOUT MORNING SICKNESS

MONEY ISSUE

出産に向けてのお金モンダイ

家族が増えるにあたって、
考えなきゃいけないお金に関すること！

Money Problem!?

MONEY PLANNING

出産・産後を見据えたマネープランはとても重要！

ママになって思うことは、毎日本当にいろんな選択をしなくちゃいけないってこと！　今までは自分のためだけの選択だったけど、今は子供のため、家族のため…何が一番いいのかを見極めないといけない。その第一歩が、出産に関するお金のモンダイ。国や地方自治体の補助についても知っておかなきゃいけないし、どこでどう出産するかによっても予算はかなり変わってくるから、ちゃんとリサーチしたうえで出産計画、そしてマネープランを立てることが大事！

健診費用
検査やエコーなど、出産までに必要な健診は平均で10回以上。妊婦健診の受診票を使って補助を受けることができる。補助の内容や金額は自治体によって違うが、14回分の補助を受けられるところが多い。

→ 約 **10** 万円

＋

マタニティ用品の費用
妊娠中期から胸やお腹が大きくなるので、適した下着や衣類を買う必要も。

→ 約 **5** 万円

＋

出産準備用品の費用
入院や産まれてすぐの赤ちゃんに必要なモノは意外とあり、見落としがちな出費。

→ 約 **10** 万円

＋

出産費用
自然分娩で平均30〜50万円。無痛や和痛分娩を選択すると＋αでさらに高額に！

→ **30〜70** 万円

合計 **50〜100** 万円

GENERAL EXPENSE

一般的な出産費用って？

平均で約30〜70万円と、意外に高額、そして出産のしかたなどで差が生じてくる出産費用。それ以外にもベビー用品の準備など何かと出費はかさむもの。それを手助けしてくれるのが「出産育児一時金」。健康保険から、子供ひとりにつき42万円が給付される公的補助は、ぜひ利用したい制度。

[DR's OFFICE]

個人産院　**40〜60** 万円

診察科目を産科、婦人科に限定した、ベッドが20床未満の医療機関。医師の人数が少ない分、同じ担当医に初診から産後まで診てもらえるケースが多い。

[HOSPITAL]

総合病院　**35〜45** 万円

産婦人科以外にも小児科や内科が併設されているので、合併症がある場合や、分娩時に緊急事態が起こった場合には敏速な処置が受けられるメリットも。

[MATERNITY HOME]

助産院　**25〜40** 万円

助産師の資格を持つ人が入院、分娩の施設を持って開業している施設。家庭的な雰囲気のなか、陣痛からずっと付き添ってもらいながら出産に臨める。

EXPENSES BY FACILITY

出産施設によって費用は違う

赤ちゃんを産むための施設は、個人産院、総合病院、助産院、と大きく分けて3つ。それぞれのメリットとデメリットを知ったうえで、自分にあった施設を選ぶことが大切。もちろん費用もそれぞれ異なるので、この選択がマネープランにも大きく関わってくるのは必至。

※あくまで金額は目安であり、地域によって差があります（s'eee調べ）

THE HISTORY OF EMI'S EVOLUTION

えみのマタニティ進化の歴史

刻一刻と変わっていく自分のカラダ。
それはとても不思議でワクワクする進化！

DOKI DOKI!

0-5 Months
だんだん
目立ってきた？

HOO~

6-7 Months
そろそろお腹が
重くなってきた…

WAKU WAKU

8-9 Months
まさかこんなに
大きくなるとは！

COMING SOON!

Last Month
早く出ておいで〜〜

妊娠してから臨月までの体の変化は
何もかもが未知の世界。
まるで、人類が2足歩行になって
背筋ものびて……と
どんどん進化したように、
赤ちゃんを産むためのカラダの準備が
どんどん出来ていって
もちろんお腹もどんどん大きくなって……
今となってはただただなつかしく、
そしてとっても貴重な体験。

Chapter 1 | Pregnancy

Chapter 2

Maternity Life

〈 マタニティライフ 〉

マタニティウェア探しにベビーシャワー、
初めてだらけの妊婦ライフもまた楽し♪

 **1 EMI'S MATERNITY FASHION**
えみ's マタニティファッション

2 HEALTHY LIFE
プレママえみのヘルシーライフ

3 HOW TO MAKE A "IKUMEN"
イクメンの作り方

 **4 HAPPY BABY SHOWER**
世界一HAPPYなベビーシャワー！

COLUMN 2
WISH LIST
出産祝い・ご予算別おねだりリスト

EMI'S MATERNITY FASHION

えみ's マタニティファッション

いつでも自分らしさを忘れない。
それがえみのファッションルール。

❶ SHORT PANTS

❷ AVANT-GARDE LEGGINGS

❸ ONE-PIECE ×SKIRT

❹ LOOSE ONE-PIECE

0〜5 MONTHS MATERNITY FASHION

妊娠5ヶ月だよ！

[0〜5ヶ月編]

まだそんなにお腹が目立ってない5ヶ月くらいまでは、本当にそれまでと変わらないファッションだった！ 気をつけていたのは足元だけ。ヒールはお休みしてました。

❶ ショートパンツはアメアパ。Alexander Wangのサンダルに CELINEのブレスを合わせて。 ❷ TシャツはA.P.C. KANYE、レギンスはオンラインショップNasty Galで購入したもの。 ❸ G.V.G.V.のワンピースをスカートにインしてTシャツ風に。キャップはDIME PIECE、シューズはGIVENCHY。 ❹ Cry.とコラボして作ったドレス。ウエスト部分に余裕があるからお腹が大きくなってもOK！

6~10 MONTHS MATERNITY FASHION

s'eee Mama & Baby | Page.33

❺ WITH SUSPENDERS

❻ TIGHT STRETCH SKIRT 1

❼ TIGHT STRETCH SKIRT 2

❽ STRETCH ONE-PIECE

❾ PARTY STYLE

妊娠10ヶ月だよ！

[6〜10ヶ月編]

ふんわり系シルエットのものは妊娠後期になると逆に避けてたかな。ゆるっとさせるとただ単に大きい人に見えちゃうから（笑）。お腹があえて目立つラインのものをチョイスしてました。

❺ サスペンダーはかなり使えるアイテム。ボトムスを支えるだけでなく、見た目にもおしゃれ感を上げてくれるのでほんとうにオススメ。　❻ スカートはP35でも紹介しているasosっていう海外通販で。ニットはBACK。　❼ TOPSHOPのタイトスカートにCELINEのTシャツをイン。バッグはSOPHIE HULME。　❽ TOGAのワンピースはストレッチ素材だから、お腹が大きくなってからも大活躍！　❾ これはCHANELのプレビューに行ったとき。ドレスはTOGA、バッグはBOY CHANEL♡

EMI'S MATERNITY FASHION

MATERNITY COORDINATION

photographer:Kevin Chan　stylist:NIMU

マタニティウェアは必ずしもマストじゃない

妊婦時代にヘビロテしてたのは、サスペンダーとストレッチ素材のタイトスカート。私の場合は、どんなスタイルをしていいか一番悩む妊娠後期が夏だったから、意外とラクで。自分の大きめTシャツや夫のトップスに、ボトムスだけマタニティサイズのものを買えば結構乗り切れたの。サスペンダーがあれば、腹囲が大きいスカートを買っちゃってもズリ落ちてこないから、一つあるとすごく便利！

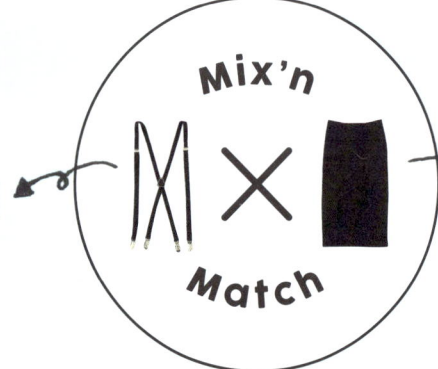

Heavy Rotation Item 1　Suspenders

日々大きくなるお腹に合わせて、ちょっと大きめサイズのボトムスを買ったときに活躍するサスペンダー。 サスペンダー／アメリカンアパレル カスタマーサービス

Heavy Rotation Item 2　Tight Skirt

締め付けすぎない、ほどよい伸縮素材。お腹のシルエットは無理に隠さないほうが、スッキリ見えるよ！ タイトスカート／アメリカンアパレル カスタマーサービス

❶ with SWEAT PANTS　❷ with SKIRT

❸ × SHIRT　❹ × PINK KNIT

❶ サスペンダーはゆるっとしたスウェットパンツとも好相性。トレンド感もキープ。トップス(アウラ アイラ)／ドラスティック 中に着たビスチェ(グースィー)／グースィー 原宿店 スウェットパンツ(ザ イアン ザ レーベル)／H3O ファッションビュロー バッグ(フリン)／ザ デイズ トウキョウ 渋谷店 シューズ／ミラ オーウェン ルミネ新宿2店 ハット／スタイリスト私物　❷ スカートと合わせればきちんとした印象にも。シャツ(アキラ ナカ)／ハルミ ショールーム スカート(ミュベール ワーク)／ギャラリー ミュベール バッグ／アミウ 代官山店 シューズ(ミスタ)／ジャック・オブ・オール・トレーズ ブレスルーム　❸ シャツをはおってモノトーンの着こなし。ビビッドなベルトをアクセントに。シャツ(made in HEAVEN)／Cry. 中に着たカットソー(アッセンブリー レーベル)／ジャック・オブ・オール・トレーズ ブレスルーム リップベルト(ヤズブキー)／ディプトリクス(ショールーム) サンダル／フレイ アイディー ルミネ新宿2店 バッグ、ソックス／スタイリスト私物　❹ ふんわりニットと合わせれば、甘辛ミックスコーデに。お腹もさりげなくカバー。ニット(マイアミ)／キーロ 中に着たビスチェ(サラ&ブレッド)／ピーチズ&クリーム シューズ／ミラ オーウェン ルミネ新宿2店 バッグ、ソックス／スタイリスト私物

other × coordination

Heavy Rotation Item

3

Long One-Piece

ワンピースも頼もしいアイテム。膨張して見えないよう、ロング丈だけど、シルエットはすっきりしたものを選ぶのがポイント。

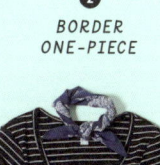

❷ BORDER ONE-PIECE

❶ PRINT ONE-PIECE

❶ テロンとした素材のワンピースはつかずはなれずのラインがきれいに見える。ワンピース（レイジーオーフ）／デルタ キャップ（リアリティスタジオ）／デューン シューズ（ロフラー ランドール）／アーバンリサーチ ロッソ 京都ポルタ店 クラッチ／スタイリスト私物 ❷ お腹のラインをあえてはっきり見せちゃうカジュアルなカットソーワンピもオススメ。ワンピース／アメリカンアパレル カスタマーサービス　ライダース（ザイアン ザ レーベル）／H3O ファッションビューロー スニーカー（アウラ アイラ）／ドラスティック バンダナ／スタイリスト私物

ONLINE SHOPPING SITES
えみのオススメ海外通販サイト

ビッグサイズも多い海外のファッション通販サイトはおしゃれ妊婦の味方！えみがチェックしていたのはこの3つ。

www.asos.com

妊娠前からよく買い物していたasos。マタニティのカテゴリーもあって、お値段も比較的良心的。妊娠後期に大活躍したストレッチのペンシルスカートもここでGET。

www.newlook.com

ここのマタニティウェアはシンプルでベーシックなものが多くて使える！ ほとんどが無地かボーダーでジャージー素材。インナーとしても活躍しそうなキャミソールなども豊富。

www.topshop.com

日本でもおなじみのTOPSHOP。海外のサイトにはマタニティのラインナップがすごく充実。トレンドを反映したアイテムも多いから、おしゃれ妊婦さんには特にオススメ！

EMI'S MATERNITY FASHION

HEALTHY LIFE

プレママえみの
ヘルシーライフ

ベビーと過ごすかけがえのない日々。
その間にえみが心がけていたあれこれ。

photographer:Satoshi Kuronuma
hair&make-up:RIE　stylist:NIMU

TAKING CARE OF MY BODY

妊娠中に気をつけていたこと

いつでもどこでも一緒にいるという不思議…。妊娠中って、心もカラダも文字通りベビーと一心同体。だから日々のサプリやドリンクもこの機会に見直しました。なにより、妊婦は今までにない体調の変化がある！　私の場合は、人生初のむくみのほかに、人生初の便秘も経験（笑）。そんなときに効果テキメンだったのがプルーンジュースだったの。あとは、心の健康も大切。できるだけ美しいものを見たり、HAPPYな人に会ったり。夫も一緒にポジティブなことをたくさん共有するようにしていたよ！

カットソー（ラグ&ボーン スタンダード イシュー）／ラグ&ボーン 表参道
スカート／アメリカンアパレル カスタマーサービス

[MUST HAVE ITEMS]
妊婦時代の必需品

眠れない夜に

[CUSHION]
お腹を圧迫せずに寝られる抱き枕としても、アームの先についているリボンを結んでお腹に巻けば、授乳クッションとしても活躍。BOBOロングクッション（全長150cm×W29cm）¥7560（税込）／ディモワ

骨盤&むくみケアに

[BELT]
骨盤を前から後ろに支えるベルトで腰を安定させる。妊娠初期から着用。妊娠中〜産後の骨盤ケアに。青葉 トコちゃんベルトII S・Mサイズ¥6000、Lサイズ¥7000、LLサイズ¥8000／トコちゃんドットコム

[EXERCISE & MASSAGE]
カラダを動かして心もHappyに！

[YOGA]
be my self
東京都目黒区青葉台1-25-1 K2ビルB1
Tel：03-6412-8381
Open：10:00〜21:00（曜日により異なる）
休：月曜、年末年始
http://www.bemyself.jp/

プレママたちの心身のバランスを整え、スムーズな出産へ導くための身体作りを提案するマタニティヨガクラス、産後のママを対象としたママ＆ベビークラスも充実。

[MASSAGE]
チャハヤインダ
東京都渋谷区恵比寿西1-33-3
光雲閣309　Tel：03-6416-0449
Open：11:00〜22:00（要予約）
休：年末年始
http://chahaya-indah.net/

女性ホルモンを整えるオイルを使ったオーガニックマタニティ アロマママッサージ（60分¥8640〜）、出産後は、赤ちゃんを横に寝かせての産後ケアのコースやママへのマッサージ15分付きのベビーマッサージ講座も。

VITAMIN ❶
FOLATE +Fe ❷
DHA ❸
PRUNE JUICE ❹
MAQUI BERRY ❺

[SUPPLEMENTS & DRINKS]
愛飲していたアイテムたち

s'eee Mama & Baby | Page.37

❶ビタミンB2をはじめとする健康に欠かせない12種類のビタミンを配合。1日1粒でOKだから気軽に継続できるのがうれしい。ネイチャーメイド マルチビタミン 50粒 ¥980／大塚製薬　❷妊娠期に不足しがちな鉄分と、厚生労働省が妊娠の可能性がある人に推奨する葉酸。この2つが1粒で同時に補えるチュアブルタイプのタブレット。ビーンスタークマム 毎日葉酸・鉄これ1粒 60粒（約2ヶ月分）¥1250／ビーンスターク・スノー　❸母乳に含まれるDHAは、ママの食生活で摂るDHAの量に影響されると言われている。魚介類で摂りきれないDHAをサポート。ビーンスタークマム 母乳にいいもの 赤ちゃんに届くDHA 90粒（約30日分）¥1890／ビーンスターク・スノー　❹世界的に親しまれている米国サンスウィートプルーン約37個分の濃縮汁がこれ1本に！ 砂糖、保存料不使用。モンドセレクション2015金賞受賞。サンスウィートプルーン100% 900ml ¥550／ポッカサッポロ　❺免疫力をサポートして、抗酸化作用を促すマキベリーをフリーズドライにしたパウダー。スムージーにブレンドするのがオススメ。サンフード スーパーフーズ オーガニック マキベリー パウダー 113g ¥4800／アリエルトレーディング

HEALTHY LIFE

HOW TO MAKE A "IKUMEN"

イクメンの作り方

芸能界を代表するイクメン、ユージさんとのスペシャル対談が実現！

DIY♥

Do you have chores?

自分で言うのもなんですが間違いなく、イクメンです（笑）

えみ：実は私、DIYが大好きなんです。ユージさんが子供のために子供部屋を改造しているのをTVで観て、ずっとお会いしたいと思っていたんですよ。

ユージ：えっ、DIYが好きなんですか!? この鈴木えみさんが、自分で木を切ったりするんですか!?

えみ：はい、ガンガン切ります（笑）。で、子供部屋を改造するユージさんの手際の良さに驚いたんですけど。その気になれば、家も一人で建てられるって本当ですか？

ユージ：そうなんですよ。10代の頃から、建築、塗装、大工、土木、鳶……ひととおりの仕事をしてきたので。わからないことがあったら何でも聞いて下さい!!

えみ：それに関しては本当に個人的に聞きたいことがいっぱいあるんだけど（笑）。まずは、本題である"パパとしてのユージさん"のハナシから聞いてもイイですか？ ユージさんは27歳にして二児のパパ（2014年・夏）なんですよね。

ユージ：付き合っている頃から僕の奥さんには息子がいて。今年、娘が生まれたんです。戸籍上では結婚してからが僕のパパ歴になるんですけど、息子とはもう何年も前から一緒にいるので。実際のパパ歴は実は結構長い、っていうね。

えみ：TVでの姿を見たりお話を聞いていると、息子さんも娘さんのことも本当に愛しているんだって伝わってくる。「本当にいいパパだな」って思うんですけど……実生活でのユージさんも奥さんに協力的なイクメンなんですか？

ユージ：そうですねぇ、自分で言うのもなんですが、間違いなくイクメンでしょうね。

ユージさんから学ぶ"イクメン"の育て方

えみ：家事とかもやるんですか？

ユージ：洗濯だけは奥さんに強いこだわりがあって「私がやる」と言われているんですけど。部屋の掃除、ゴミ捨て、風呂掃除、食器洗い、オムツ替え、ミルク、哺乳瓶の洗浄……仕事で家にいる時間が少ないので、家にいるときは、思いつく限りのことはほとんどやっています。

えみ：スゴイ!! 男の人ってそんなに積極的じゃない人が多い気がするんですけど。ユージさんがイクメンになった理由は？

ユージ：それは……奥さんとうまくやるためですよ（笑）。例えば、娘の夜泣きひとつでも、自分が起きることによって、奥さんの負担が軽減されたほうがよっぽどラクというか。どんなに寝不足でも、そっちの

Chapter 2 | Maternity Life

ほうが全然ラクなんです（笑）。ちなみに、えみさんはどんな奥さんなんですか？

えみ：やや厳しめかもしれない（笑）。完璧主義だから。私ができることを夫ができないと「いけないな」と思いつつ、つい「なんでできないの？」と言ってしまったりして……。

ユージ：「何度も言っているのになんでできないの？」は僕もしょっちゅう言われる言葉（笑）。あまりにも注意されるもんだから最近はメモるようにしているんですよ。

えみ：えっ、奥さんから言われたことを？

ユージ：そうです、忘れないようにリストにしているんですよ（と言いながらスマホを取り出し）。コレです、コレです。タイトルは"○○○（奥さんの名前）から言われたこと"（笑）

えみ：どんなことが書いてあるんですか!?

ユージ："ゴミ捨てから帰ったら手を洗うこと"から始まり"『カシウエア』のタオルは勝手に使っちゃいけない"……細かい注意がスクロールしきれないくらい延々と続くんですけど。最近「どうせならコレもリストに入れておいて」ってお願いされたのが、"口笛を吹かない"（笑）

えみ：きっとカンに障る瞬間が、あったんでしょうね（笑）。

奥さんから見たらきっと僕も"まだまだなパパ"ですよ

ユージ：奥さんに怒られて切なさやむなしさを感じたり、疲れたなぁと思うことはあっても、それがストレスになるってことはないんです。だって、子育てのプレッシャーを常に抱えている女性に比べたら、男の疲労なんてたいしたことないでしょう。それと、子育て中の女性はみんなアップダウンがあると思うんだけど。それも僕は悪いことではないと思っているんですよ。ダウンのときは辛いけど、そのぶんアップの幸せをさらに強く感じることができるから。

えみ：もう、世の中の旦那さん全員に聞いてほしい!!

ユージ：でも、ここに僕の奥さんいたらきっとこう言うと思いますよ。「全然できていませんよ」って。僕は一生懸命やっているつもりではあるけど……女性って完璧にやらないと"できている"と認めてはくれないんですよね。

えみ：ハッ!! 今のユージさんの言葉を聞いて、反省しちゃった。よくよく考えてみたら、夫も確かにいろいろやってくれているなって。

ユージ：そうそう。奥さんの理想に届いていないから"やってない"ことになっているだけで、意外とパパ達は頑張っていると思うんですよ。

えみ：それを考えると、夫を見る目がガラッと変わるかも。でも、その余裕がママにはないんだよね。「自分はこれ以上頑張れない!!」が正直な気持ちかも……。だからこそ、ヤル気にさせる方法がとても知りたい（笑）

パパを説教する前にまず「ありがとう」の一言を

ユージ：世間のパパ達も頑張っているから、偉そうなことは言えないけど。やっぱり結局は奥さんの力なんですよね。僕なんか、結婚する前は何もできない男だったんですよ。それこそ、うちの母が驚いて「このユージをどうやってここまでに育てたの!?」って奥さんに質問したくらい。

えみ：奥さんがユージさんを変えたんだ。

ユージ：やっぱりね、パパを変えるには奥さんの根気強さが必要なんです。諦めずに言い続けるっていう。

えみ：なるほど。そのなかでも「こういう言い方をするとヤル気につながる」っていうアドバイスはありますか？

ユージ：例えば、パパからすると"やっている"食器洗いも、ママからすると"できていない"になってしまう。それはもう、仕方ないとして……そこで、とりあえず「一回は褒めてほしい」っていう思いはありますねぇ（笑）。「やってくれてありがとう」を伝えてから「でも、ここはね」と注意する。すると男も素直に「そうなんだ！」と思える。いきなり説教から入られると「なんだよ!! やってるのに!!」って気持ちになっちゃいますからね（笑）

えみ：なるほど〜、勉強になります♡

「あなたがいなきゃ困ると思わせて」。奥さんからの一言にはドキッとした

えみ：何があってもユージさんの心が折れないのは、やっぱり根底に男としての責任感があるからですか？

ユージ：というより、僕の中に「この家族とずっと一緒にいたい」っていう気持ちがあるのが大きいんですよ。そのためには協力し合わなきゃいけないわけで…。僕、奥さんから言われてドキッとした一言があって。それが「お願いだから"あなたがいなきゃ困る"って私にそう思わせてよ」という言葉。この一言は心にドスンと響いたかな。

えみ：そうなんだ…。それもいつか言ってみよう（笑）

ユージ：これは響くと思いますよ。

えみ：今回はユージさんのイクメンぶりに感動しました。それだけに「ユージさんの奥さんに会ってみたい」って気持ちにも。世の中のママ達のために秘訣を色々と教わってみたい!!

ユージ：きっと気が合うと思いますよ（笑）

PROFILE
ゆーじ

1987年9月9日生まれ。ファッション雑誌からバラエティまでマルチに活躍する人気タレント。2014年、一般女性と結婚を発表。現在は三児のパパ。『所さんの目がテン！』、『すイエんサー』等に出演中。家族との日常を綴った自身のブログ http://ameblo.jp/lp-yuji/ も好評。

えみからの感想

ユージさんの話が本当に面白くて。勉強になっただけでなく、たくさん笑わせてもらいました！ 家族への愛もスゴく伝わってきたし本当に素敵なイクメン!! この対談は世間のパパ達にぜひ読んでもらいたい!!

s'eee Mama & Baby | Page. 40

Baby Shower ♡

HAPPY BABY SHOWER

Come On Baby!

So Happy

世界一 HAPPY な
ベビーシャワー！

生まれてくる新しい命をお祝いする
ベビーシャワー。
世にも幸せなこのイベントを、
親しい友達とみんなで
思いっきり楽しもう！

WHAT IS BABY SHOWER?

ベビーシャワーってなに？

日本ではまだあまり根付いてないけど、アメリカでは一般的なベビーシャワー。親しい友達が主催して妊婦さんをお祝いするパーティは、イベント好きな私が"ベストイベント"にあげちゃうくらい好き！ バルーンや可愛いケーキでデコレーションされた場所で、ベビーグッズをプレゼントしながらガールズトークするのって本当に楽しい♪ 自分が主役のときはもちろんだけど、主催者側になっても最高にハッピーなキモチになれるベビーシャワーは、何回でもやりたいイベントなのです。

Chapter 2 | Maternity Life

HOW TO PLAN?

ベビーシャワー、どう計画する？

妊婦さんが安定期に入る妊娠8ヶ月以降がタイミングの目安。日にちが決まったら、飾り付けなどを比較的自由にやらせてくれる場所をおさえて、いざ準備に！ 一般的には産まれてくるベビーが女の子だったらピンク系、男の子だったらブルー系といったテーマカラーを決めて、バルーンやカップケーキ、フラッグガーランドなどでデコレーション。主役に贈るプレゼントは、あらかじめ欲しいものを「WISH LIST」として聞いておき、ギフトがかぶらないようにするのがオススメ。

PARTY GOODS SHOP

バルーンを買うなら

バルーンショップ
タキシードベア
東京都港区西麻布3-24-17
Tel：03-5935-8372
Open：11:00〜19:00　無休

ケーキを買うなら

マグノリアベーカリー
東京都渋谷区神宮前5-10-1 GYRE B1F
Tel：03-6450-5800
Open：平日11:00〜20:00、
土・日10:00〜20:00　無休

デコレーショングッズを買うなら

こうのとりさんの
おむつケーキ
ショップアドレス：
www.busy-stork.com
お問い合わせ：
info@busy-stork.com

HAPPY BABY SHOWER

WISH LIST 出産祝い・ご予算別おねだりリスト

¥2000-5000

① へその緒入れ 
卯三郎こけし
へその緒入れ（リボン）

② ヘッドアクセ
ムーシュ クラウン

③ 手形フレーム 
チャイルド トゥ チェリッシュ
ハンドプリント タワー オブ タイム

❶ こんな可愛いケースに入れておけば、記念のへその緒が迷子にならずに保管できる。このほかに動物柄なども。各￥2000／卯三郎こけし ❷ キラキラゴールドのハンドメイドの王冠に、ふんわりベールがついたヘッドアクセ。パーティや写真を撮るときの小道具に、大人も子供も楽しめる。￥3000／キイロイキ ❸ ベビーの成長を記録する手形フレーム。1年に1度、5歳まで楽しめるタワー型のタイプは、出産祝いの定番としてアメリカでも人気。（マルチ）￥4300／セドナ

¥5000-12000

④ おくるみ 
エイデン アンド アネイ
クラシック・モスリン

⑤ おくるみ 
タッペンス&クランブル
星型フリースアフガン スターラップ

⑥ おすわりチェア 
バンボ
ベビーソファ（ベルト・バッグ付き）

❹ おくるみ、ブランケット、授乳ケープなど、いろいろ使えるとママの間で大評判！通気性がよく心地いいモスリンコットン使用。（120cm×120cm）4枚入り￥5900／エイデン アンド アネイ ❺ ボタンやファスナーなしで簡単に着脱できるフリース素材のおくるみ。繰り返し洗濯してもOK。カラーバリエーションも豊富。（イエロー）￥5500／コントリビュート

⑦ 積み木セット
gg*（ジジ）
tsumiki（ツミキ）

⑧ ビニールおもちゃ
ジフィ

❻ ハイハイを始めたばかりのベビーを安全にお座りさせておくチェア。早くから自分の意志で周囲を見渡せるから、学習能力も高まる。※デスクなどの高い場所、窓などの開口部、お風呂などの水回りでの使用は禁止。対象年齢：首がすわる頃～14ヶ月（～10kgまで）￥8800／ティーレックス ❼ お家の形のケースに入った積み木セット。中には41個のさまざまなパーツがイン。ドアのパーツは振ると音が鳴ったり、マグネットがついたパーツも。天然のビーチ材を使用。ブロック41個・ケース（W310mm×D70mm×H325mm）￥12000／キイロイキ ❽ キリンがモチーフのビニール製の乗用おもちゃ。見た目に可愛いだけでなく、またがってピョンピョンとバウンドすることで脚力や腕力を養える。（約H54cm×W45cm 最大胴囲68cm）￥7000／ギムニク

¥12000-

⑨ 木馬 
ワンダーワールド
ロッキング・ケーター

⑩ 簡易ベビーベッド 
フィセル
タッセル付きクーファン

⑪ ベビーブランケット 
カシウエア
ベビーブランケット アニマルフォルム

❾ カラフルなイモ虫に乗ってゆらゆらと遊ぶ木馬は、欧米で人気のロッキングトイ玩具メーカーのもの。ベビーからキッズまで長く使って楽しめる。インテリアとしてもかわいい。（約L66cm×W27cm×H37cm）￥16000／アイラブベビー ❿ ベビーを寝かせたまま移動できるイージーなベッド。付属の綿毛布や内側の布団は外して手軽に洗えるので、いつも清潔さをキープ。（L45cm×W85cm×H26cm）￥15800／フィセル ⓫ 最高の触り心地と優れた吸湿性、速乾性で多くの人から愛されるカシウエア。ベビー用のブランケットはキュートな動物モチーフ付き。（71cm×60cm）￥18000／カシウエア

Chapter 3
Delivery
〈いよいよ出産〉

ベビちぃとの対面も、もうまもなく！
出産、っていったいどんな体験……？

1 HOW TO TAKE MATERNITY PHOTOS
How to take マタニティフォト

2 PLACES TO GO BEFORE BIRTH
産まれる前に行っておこうスポット

3 WHERE & HOW?
どこでどう出産する？

4 TO DO LIST BEFORE DELIVERY
出産前の To Do リスト

5 BIRTH EXPERIENCE
えみの出産体験記

COLUMN 3
OTHER MAMA'S EPISODES
ママ友たちの出産体験記

6 BEAUTIFUL MAMA TALK
美しすぎるママトーク PART 1 with 今宿麻美さん

s'eee Mama & Baby | Page. 44

HOW TO TAKE MATERNITY PHOTOS

How to take マタニティフォト

一生に何度もない妊娠期。そんな大切な瞬間を写真に残して。

Chapter 3 | Delivery

HOW TO TAKE PHOTOS?
マタニティフォトを上手に撮る秘訣

マタニティ写真を記念に！

お腹の丸みが持つ女性らしい曲線美は、とても神秘的で妊娠中にしか体験できない貴重なもの！　最近では専門の撮影スタジオも増えたけど、私は自宅で撮りました。妊婦時代のいい思い出になったし、生まれてくる子供へのプレゼントにもきっとなるよね♡

| 1 |
シンプルな背景ですっきり撮ること

マタニティフォトならではの曲線的な美しいシルエットを映し出すためには、シンプルな背景で撮るのがベター。自宅で撮影する場合は、シャッターを押す前にカメラ位置をいろいろ変えて、ベストなアングルを探してみて。

| 2 |
どんな雰囲気がいいかイメージを固める

柔らかい光で優しく撮るか、モノクロなどにして神秘的に撮るか…。プロに頼む場合は、あらかじめどんなテイストがいいか自分でイメージを固めてから、写真スタジオ探しをするのが正解。

| 3 |
小道具で遊んでみるのもオススメ

大きくなったお腹にメッセージやイラストを描いたり、赤ちゃんの靴下と一緒に撮ってみたり……。アート感覚で小道具を取り入れてみるのもオススメ！　私はカラフルポップなシールをお腹に貼って、アレンジしました♪

PHOTO STUDIO
オススメ写真スタジオ

やさしい雰囲気で

Photo Styling75c
恵比寿２２番館

0～3歳までの子供とマタニティ専門のフォトスタジオ。自然光を生かしたソフトタッチの写真はどれもナチュラルであたたかみが溢れるものばかり。

東京都渋谷区恵比寿南1-13-3
シャンドール恵比寿301
Tel：03-5725-8640
Open：10:00～17:00　不定休
http://www.75c.jp/studio/ebisu_22/photostyle.php

クールな雰囲気で

HAPPY BIRTH PHOTO STUDIO

世界初のマタニティフォト専門スタジオとして2009年オープン。スタッフも全員女性という徹底ぶり。洗練されたスタイリッシュな作品が特徴。

東京都渋谷区神宮前3-4-7
Tel：03-5772-1825
Open：10:00～18:00
休：第1・3火曜
http://www.maternity-photo.jp/

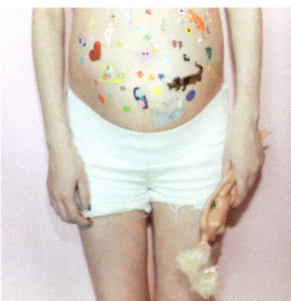

HOW TO TAKE MATERNITY PHOTOS

PLACES TO GO BEFORE BIRTH

産まれる前に行っておこうスポット

ひとりで自由に出かけられる最後のチャンス。
やり残したことはない？

3 PLACES TO VISIT BEFORE BIRTH!
行っておくべき3つのスポット

GO TO A MOVIE
映画

映画やコンサートは、子供が小さいうちは行きづらい場所なので妊娠中にぜひ！ つわりなどで思うように出歩けない人は、おうちでまったりDVD鑑賞もいいかも。

GO TRAVELING
旅行

安定期に入ってお医者さんからGOサインをもらったら旅行を楽しむのもアリ。オススメは国内旅行。まったりご当地グルメや景色などを堪能しても。

GO TO A RESTAURANT
レストラン

子連れNGのお店は意外と多い！だからこそ大人だけで楽しめる素敵レストランをこの時期に満喫。子育てが始まると、夜のお出かけは当分できなくなるので。

☞ モヤモヤの処方箋は先輩ママの「大丈夫」

安定期に入ってからは、ストレスを溜めないよう、身体の状態を見ながらアグレッシブに動きまわりました。買い物にも行ったし、友達と一緒に食べたいものを食べたし、映画にも！ 入院前日の夜は表参道のカフェで女友達にメンズを紹介してました（笑）。

それでも心のモヤモヤが消えない…そんなときは、やっぱり"先輩ママ"とのおしゃべりに尽きる！ 平気な顔をしていても、妊婦さんはみんな"オナカの中で絶賛人間制作中"のプレッシャーや不安を常に抱えているもの。同じ"それ"を経験してのり越えた先輩ママ達の「大丈夫」。
この言葉ほど安心出来るものはなくって。その「大丈夫」が魔法の薬みたいに私の心を優しく癒してくれました♡

☞ 妊婦時代の自由をenjoy！

出産後、赤ちゃんとの生活に慣れるまでの約1〜3ヶ月は、24時間態勢で育児に全力投球になります。とてもじゃないけど自分のことはかまっていられなくなるから、安定期に入ってからの妊婦時代は、ぜひ"自分のため"にも時間を使って。映画鑑賞に外食、プチ旅行……身体に無理のない程度に、やりたいことを楽しんでおくのがオススメです。

☞ **自分の要望に合う病院を選ぶことから!**

近所の婦人科で、5週目というかなり早い段階で妊娠に気づいた私。次に頭を悩ませたのはどこで出産する?というモンダイでした。膨大な選択肢のなかで私が大切にしたのは、通いやすくて、陣痛の痛みをやわらげる和痛分娩を行っていること。この2つが揃っていたのが総合病院! まわりから"出産する病院は最初から決めておいたほうがいいよ"とアドバイスされていたので、2回目の健診以降はずっとこちらに。どんな子が生まれてくるかな? どんな顔してるんだろう? 当時は早く赤ちゃんの顔が見たい一心で、エコーや3D画面にクギづけ状態だったな(笑)。

☞ **知識があれば状況が変わっても動揺しない!**

10ヶ月間の妊娠経過が人によって違うように、出産スタイルも人それぞれ。自然分娩だけでなく、陣痛をやわらげてくれる無痛分娩や和痛分娩、帝王切開……etc。こんなにもたくさんのスタイルがあるなんて、ママになって初めて知った! 私は最後まで逆子が戻らず、帝王切開で出産したけど、帝王切開の知識を出産前に先生からちゃんと聞いていたから、納得して臨めました。まずは、どこで? どんな風に産みたい?を、しっかりイメージして、自分の理想に合った出産準備を!

WHERE & HOW?

どこでどう出産する?

ライフスタイルや予算と
相談しながら産み方を決めよう!

おしるしについて

お産が近づくと、子宮口が開いたり子宮が収縮することによって卵膜がはがれ、出血。それが子宮頸管から出た粘液と混ざって出てくるものが"おしるし"。
このサインがあると、数日以内に陣痛がはじまると言われています。少し粘り気があるのが特徴で、量や色は人によって違いがあり、下着に少しつくだけという人から月経くらいという人、全くない人までさまざま。

どう産む?
[HOW?]

NATURAL BIRTH
自然分娩
産道を通って膣から赤ちゃんが自然に出てくるのを待つ分娩。日本ではこのスタイルが一般的。

PAINLESS BIRTH
無痛分娩・和痛分娩
陣痛をやわらげるために局所麻酔を使う分娩方法。欧米では比較的主流となっている。

CAESAREAN SECTION
帝王切開
お腹を切開して子宮から直接赤ちゃんを取り出す方法。逆子の場合に行うことも多い。

どこで産む?
[WHERE?]

MATERNITY HOME
助産院
助産師が運営する、出産のための施設。アットホームな雰囲気のなか、陣痛からずっと付き添ってもらって出産に臨める。

HOSPITAL
病院
産婦人科以外にも小児科や内科が併設されているのが総合病院。診察科目を産科、婦人科に限定した、ベッドが20床未満の個人産院も。

＊s'eee調べ

PLACES TO GO BEFORE BIRTH / WHERE & HOW?

TO DO LIST
BEFORE DELIVERY

出産前の To Do リスト　入院前にやっておくべきことをしっかりリストアップ！

+ ITEMS YOU NEED BEFORE YOU GO TO HOSPITAL

入院前に準備しておくこと　アイテム編

病院や産院からも入院準備リストをもらうと思うけど、私が本当に必要だったなと思ったものはこの8点。あとは使い慣れたコスメなど、普段から外泊に持っていくものはもちろんいるけど、+αで本当に使ったものはこれくらい。

☑ **悪露ショーツ&授乳ブラ**
汚れやモレに効果的な撥水加工布を使用したショーツ。産後の悪露やおりものの多い産褥期に一枚持っておくとベンリ。マタニティ バーシングショーツ（開閉なしタイプ）¥1900〜、バストをすっぽり包み込み、心地よくカバー。授乳もラクチン。マタニティ バーシングブラ ¥4600〜／ワコール

☑ **加圧ソックス**
足先から太ももまでケアするロングタイプの着圧ソックス。足指を広げてくれる機能も。スリムウォーク 足指セラピーロングタイプ ブラック&ピンク、ラベンダー（ともにオープン価格）／ピップ

☑ **搾乳器**
赤ちゃんがおっぱいを吸うときの自然な動きをまねた電動さく乳器「シンフォニー」。退院のタイミングに合わせてレンタルすると重宝する。電動さく乳器 シンフォニー ¥4500〜¥24800（本体レンタル2週間〜5ヶ月）レンタル延長料 ¥4500／月
※上記本体にシングルポンプセット ¥3000、ダブルポンプセット ¥5100〜のいずれかを購入し、使用可能。／メデラ

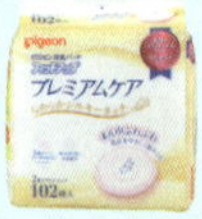

☑ **母乳パッド**
乳首がデリケートなママ、はじめてのママに特にオススメの母乳パッド。全面通気シートだから、表面はいつもサラッと快適。母乳パッドプレミアムケア102枚入り（オープン価格）／ピジョン

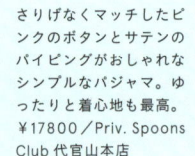

☑ **入院中のパジャマ**
すぐ授乳ができる前開きのパジャマはママの必需品。軽やかでリッチな素材のロングシャツタイプ。出産前のママへ、ギフトとしても最適。AMBER ¥42000（MAデザビエ）／ビッグズ

さりげなくマッチしたピンクのボタンとサテンのパイピングがおしゃれなシンプルなパジャマ。ゆったりと着心地も最高。¥17800／Priv. Spoons Club 代官山本店

☑ **乳頭保護クリーム**
添加剤や保存剤を含まないので授乳前のふき取りが不要の乳首クリーム。乳頭トラブル以外に赤ちゃんの保湿ケアとしても使え、万能！　ピュアレーン100 ¥1000／メデラ

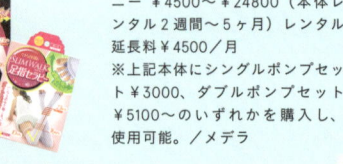

☑ **授乳枕**
しっかりした厚みで赤ちゃんをサポートし、ママの腕や肩にかかる負担をやわらげる授乳クッション。面ファスナーで固定できるのもうれしい。青葉 授乳用クッション ¥5500／トコちゃんドットコム

Chapter 3 | Delivery

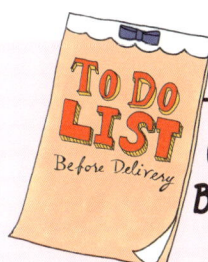

CARE TO KEEP BEFORE YOU GO TO HOSPITAL

入院前に準備しておくこと
ビューティ編

出産後、約1週間は入院。その後1ヶ月健診まで外出しないとなると、入院前にやっておくべきことって意外と多い！ 自分メンテも忘れずにね♡

☑ **マツエク**

入院中ほぼスッピンで過ごすことを想定すると、マツエクがベンリ！ 不意に来客があっても安心（笑）。

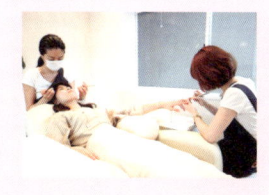

[EYELASH SALON]
CIRSION
東京都武蔵野市吉祥寺南町1-11-11 武蔵野ビル4F
Tel : 0422-24-9994
Open : (平日) 10:00〜20:00
　　　(土日祝は〜19:00)　不定休
http://www.cirsion.co.jp/eyelash

子供をキッズルーム（要予約）に預けることができるので、出産後のママもゆっくりと施術を受けることが可能！ まつげエクステとネイルの同時施術もOK♪

☑ **ヘアメンテ**

産後すぐは長時間の外出が難しくなるから、ヘアメンテは入院前にすませて。私もしっかりケアしました。

STYLE IDEAS

Short
産後は頻繁にカラーに通えないから黒髪に戻すママも多いとか。ボブならヘアケアもラクちん。
ニット／スナイデル ルミネ新宿2店
サングラス／グースィー 原宿店

Curly
ニュアンスを出したいならデジパ。全体じゃなく毛先にかけておくだけで、セットしなくても今っぽい雰囲気に。
ピアス・ネックレス（セブンティーセブンス）／H3O ファッションビュロー

Long
"生え際プリン"がバレないように、カラーリングしておくならグラデがオススメ！ こなれ感も出せて一石二鳥。
ハット／スタイリスト私物

photographer:Satoshi Kuronuma　　hair&make-up:RIE　　stylist:NIMU

BIRTH EXPERIENCE × EMI'S EPISODE

BIRTH EXPERIENCE

えみの出産体験記

ドキドキの出産予定日が近づいたとき、
えみはどんな気持ちだった…？

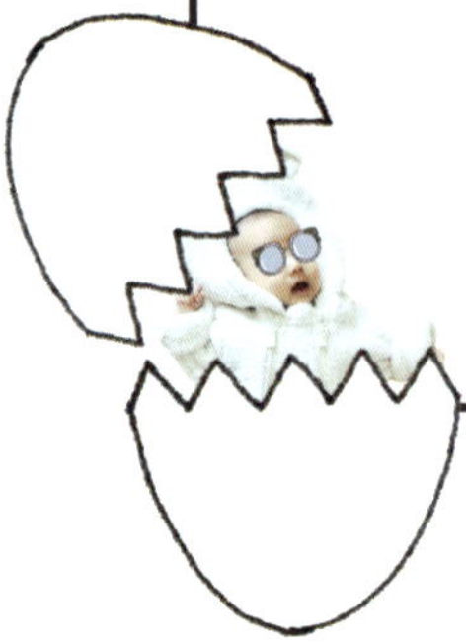

EPISODE.01

帝王切開による出産

　私がママになってから学んだこと、それは、何においても「こうじゃなきゃダメ」という決めつけを持たないということ。妊娠も、出産も、子育ても、現実は"教科書"通りには進まないことばかりだから。
　「こうじゃなきゃダメ」という決めつけは、どんどん自分を苦しめてしまうんだよね。私にとって、その"教科書通りにいかないこと"のひとつが、"帝王切開による出産"でした。
　「痛みを抑えながら自然分娩を経験したい」。私が最初に望んでいたのは和痛分娩。その希望が通らなかった理由は、お腹の中の赤ちゃんが"逆子"だったからなんです。

「そのままでいいよ」

　「逆子である限り、お産は帝王切開になります」。担当の先生からそう告げられてからは、毎日逆子体操をして、お灸に通ったり、冷えないように気をつけたり…それはもう、"逆子戻し"のためにあらゆることを試しました。でも、その途中で思ったの。「大事なのは赤ちゃんが無事に生まれてくること。帝王切開でも自然分娩でもどっちでもいいじゃん!!」って。最初から最後までず

Chapter 3 | Delivery

BIRTH EXPERIENCE × EMI'S EPISODE

っと"逆子"だったから、「その体勢がきっと一番心地良いんだね。だったらそのままでいいよ」。帝王切開で産もう。そう決めてからは、私自身もすごくラクになれました。

あっという間に終わった手術

　予定通りに時間をかけずに出産できる——帝王切開のメリットは一言でいうと"スムーズかつ計画的に出産"ができること。お昼の12時に手術室に入り、約20分間の麻酔処置を経て、夫に立ち会ってもらいながら始まった手術。その5分後には赤ちゃんが産声をあげ、13時には全ての処置が終わっていました。手術室では慌ただしく時間が過ぎていき、ママになった実感を得られたのは、病室で我が子と初めて2人きりになったとき。ベッドの中に横たわる小さな小さな体、小さな手足、小さな息づかい……全てが本当に心から愛おしくて。あの幸福な時間と感動はきっと一生忘れないだろうな。

残った傷はママの勲章

　自分なりに納得したうえで選択した"帝王切開"という出産方法。でも、戸惑ったことがひとつあったの。それは周りに伝えるたびに「えっ、帝王切開なんだ」「大変だね」と心配されること。そこで初めて、「帝王切開の何がいけないんだろう？」と疑問に思って、担当の先生に聞くと、返ってきたのは「帝王切開の手術自体はとても安全なものなんですよ。唯一、デメリットを挙げるなら"お腹に傷が残ること"なのかな」という答え。それを聞いた私は迷わず思いました。
「赤ちゃんが無事に生まれるなら、お腹の傷くらいどうってことない!!」。
　どんな出産方法でも、子供に出会えたときの喜びはきっと同じ。子供を愛する気持ちだって、ずっとずっと変わらない。
　お腹に残った小さな傷は、私にとってはママである勲章。今もこれからも、変わらずに愛おしい存在であり続けます♡

BIRTH EXPERIENCE

BIRTH EXPERIENCE × OTHER MAMA'S EPISODES

ママ友たちの出産体験記

100人のママがいたら100通りの出産がある！というくらい、その体験談はさまざま。親しいママ友の場合をご紹介。

EPISODE.02

TRIPさん
アーティスト／デザイナー

初産ながら15分の超スピード出産！

「自然分娩だったのですが、分娩台に乗ってから15分（5回の"いきみ"）で産まれたので、出産そのものは非常にラクでした！ その分、意識がクリアだったので、出産後の会陰縫合が超絶痛かったです……。旦那さんも陣痛時から寄り添い、背中に手を添えて一緒に呼吸法を実践してくれたので、いざ分娩室へ！ となったときも落ち着いて出産に臨めました！」

EPISODE.03

川口ゆかりさん
ファッションライター

ソフロロジー式分娩でリラックスした出産に

「私が通っていた個人産院は陣痛を痛みととらえず、赤ちゃんに会えるための大切なプロセスだと考える"ソフロロジー式分娩"を推奨していました。自分が妊娠するまでは出産＝激痛というイメージが強かったのですが、このプラス思考のおかげでリラックスした出産に。とり乱すことも大声をあげることもなく、初産は陣痛から7時間半、二人目のときはなんと1時間半！のスーパー安産。周りのママ友からも羨ましい〜とよく言われます(笑)」

EPISODE.04

平沢朋子さん
美容ライター

痛みのフルコースで合計14時間！

「40週を超えていて赤ちゃんも大きめだったので、前日入院の予定出産になりました。もともと無痛分娩を予定していましたが、結局前日に子宮口を開くためのバルーン、当日には陣痛促進剤、ものすごい陣痛を味わったのに赤ちゃんが降りてこず、最後は緊急帝王切開！というフルコースっぷりでした。なにせ当初は無痛のハズだったので旦那さんの立ち会いも予定していたのですが、私の病院は帝王切開の場合は立ち会えないきまりだったので、それもかなわず。でも陣痛の間、ずっとテニスボールで腰をマッサージしてもらっていたので、それによっていくらかは痛みがやわらぎました！」

Chapter 3 | Delivery

MUST HAVE ITEM FOR YOUR FOOT CARE

脚の疲れが気になったら着圧ソックスが強い味方!

妊娠中のパンパン脚や立ち仕事で疲れた脚を
リラックスさせてくれるアイテム。

photographer:kisimari(W)　hair&make-up:Mifune　stylist:Kumi Saito

EMI RECOMMENDS!

あまりむくまない体質の私ですが、妊婦になって初めてむくみを経験。マッサージとかもしてたけど、いちばん役立ったのはスリムウォーク。肌あたりはやさしいのに着圧はバッチリ。さらに足指の間を広げることで、脚全体が驚くほどリラックス! 寝る前に必ずこれを履いて、翌日に持ちこさないようにしてました♪

SLIMWALK

足先から太ももまでケアするロングタイプの着圧ソックス。足首、ふくらはぎ、太ももの3箇所を異なるサポート力でケアする美脚リフト構造。1日中、靴の中で縮こまった足指を気持ちよく広げる、足指かいほークッションも悩み解消にひと役。マタニティでも出産後の対策にもオススメ。

スリムウォーク 足指セラピー ロングタイプ ブラック&ピンク(オープン価格)/ピップ

スリムウォーク 足指セラピー ロングタイプ ラベンダー(オープン価格)/ピップ

ワンピース、ショートパンツ(ベッド&ブレックファスト)/グリード

妊娠中の脚のパンパン対策とケアにマスト!

デスクワークの人も立ち仕事の人も、夕方自分の脚を見たら、思いきりパンパン!なんてこと、あるよね。実は妊婦とパンパン脚は、切っても切れない仲。こうしたパンパン脚とは、できれば仲良くなんてしたくないもの。マッサージやウォーキングといった対策もあるけど、ただ履くだけで、キュッと引き締め感のある着圧ソックスがあれば快適!

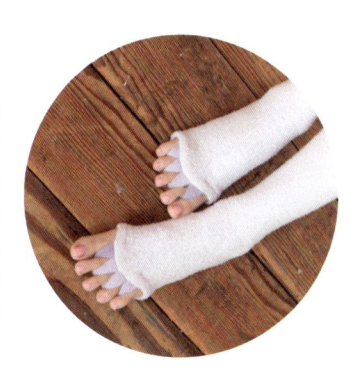

NEW ITEM

おやすみ中にリンパの流れとむくみを改善

むくみの2大要因、リンパの流れと血行に着目し、就寝中に履くだけでむくんだ脚をスッキリとケアする着圧ソックス。足首からふくらはぎ、太ももにかけての段階圧力設計で、だるむくくんだ脚の血行を促進し、心地よく引き締めてくれる。ブランド初の一般医療機器。スリムウォーク メディカル リンパ夜用ソックス(オープン価格)/ピップ

PART.01
BEAUTIFUL MAMA TALK
EMI & ASAMI
美しすぎるママトーク PART 1

出産を間近にひかえた
モデルの今宿麻美さんと対談。
妊婦時代を懐かしみつつ、プチアドバイスも！

photographer:Ryu Cakinuma (TRON)

ママになった実感がわいたのは母子手帳を手にしたとき

Emi：今宿さんのお腹の赤ちゃん、今何ヶ月なんですか？

Asami：8ヶ月（2014年・夏）です。胎動まっさかり。

Emi：うわぁ、懐かしい♡ 胎動って幸せ感じますよね。

Asami：最初の頃はビックリしましたけどね。「本当に他の子もこんなに動くのか」って、思わず、周りの先輩ママ達に確認してしまいましたから。

Emi：妊娠がわかったときってどんな気持ちでしたか？

Asami：うちは結婚して1年ちょっとなんだけど、「子供が欲しいね」って話はずっとしていて。病院に検査に行ったりもしていたんです。そんなときに「あれっ！？もしかして」と思って。調べてみたら妊娠がわかり、それでも、信じられなくて、妊娠検査薬を3本くらい試しました（笑）

Emi：私も!! やっぱり、やることは同じなんだね（笑）

Asami：でも、そのときはあまり実感がなくて。母子手帳をもらったときにジワジワと「あ、私ママになるんだな」っていう喜びが湧き上がってきた感じなんですよ。

Emi：今、幸せを感じるのはどんなとき？

Asami：やっぱり、健診のときかな。エコーでお腹の中の赤ちゃんがスクスク育っていく姿を見ると「早く会いたい」って。愛おしい気持ちがすごく高まる♡

頼りになるのは、性格やライフスタイルが似ている先輩ママからのアドバイス

Emi：私は妊娠に気付いたとき、嬉しさと同時に戸惑いも感じた。本当にわからないことだらけで。何を準備したらいいのか、それこそ「オムツのつけ方とか、みんな誰に教わっているの？」って疑問に思うくらいのレベルで、何もわからなくって。

Asami：その気持ちはすごくわかる。私も今から周りの先輩ママ達にいろんなことを質問しています。

Emi：先輩ママの言葉は本当に頼りになるよね。でも、自分とは真逆のタイプの先輩のアドバイスはときに「あれ、私って間違えているのかな？」なんて不安につながってしまうこともあるから……。

Asami：私はモデルの花楓にいろんなことを教えてもらってる。えみちゃんは誰に教えてもらったの？

Emi：スタイリストの斉藤くみさん。お互いの子供のおもちゃがカブるくらいセンスや好みも似ているし、いろんなものを試して納得のいくひとつを選ぶ性格とかも本当によく似ていて（笑）。母乳パッドひとつにしても「アレもソレも試したけど、コレが一番よかったよ」って教えてくれるの。今もすごく頼りにしている♡

Asami：私にとってはえみちゃんもまた先輩ママの一人。アドバイスとかってある？

Emi：もう、子供が産まれた後の準備とかしてますか？

Asami：実は、ベビーベッドとかベビーカーとか大きいものはまだ準備してなくて。

Emi：それでいいと思います!! うちもいろいろ買ったけど、子供が寝てくれなかったり、使ってくれなかったりで。実際に産まれてから"その子に合ったもの"をよく考えて買ったほうがいいと思う。

Asami：最低限のものだけ用意しておけばいいんだ？

Emi：それか、成長してからも使えるものを買うとか。うちは10歳まで使える『ス

只今妊娠8ヶ月

ママ歴10ヶ月

モデルの仕事とママ業の両立

Asami：えみちゃんは産後1ヶ月半で仕事に復帰したんだよね。復帰した姿を雑誌で見てすごく驚いたの。「全然体型が変わってないしさらにキレイになってる!!」って。

Emi：どうもありがとうございます（照）

Asami：すぐに復帰するために何か気を付けていたの？

Emi：それがね、本当に特に何もしていなくて。妊娠中は体重が7kg増えたんだけど。産後は自然と妊娠前よりも体重が減ったの。その原因は……多分、母乳？ その人の体質にもよるらしいんだけど、私は母乳で体重が落ちたみたい。あと、今は毎日、早寝早起き＆自炊という健康的な生活を送っているから。太る要素が何もない、っていうのも大きいのかもしれない。今宿さんは何か特別なことはしている？

Asami：もともと乾燥肌なので、妊娠線には気を付けて『エルバビーバ』のオイルを早めに使い始めたけど。今は神経質になりすぎないようにしている。産後はまたジムに通ったり、エステに行きたいと思ってるかな。仕事に復帰するためにも体の準備はしていたいな、って。

Emi：今宿さんは産後も仕事は続けるんですよね？

Asami：もちろんスグにでも復帰したい!!

Emi：その気持ち、わかります。ママになると、やっぱり今まで通りに仕事を続けるのが難しくなるから。仕事から一旦離れたことで「やっぱり仕事が好きなんだ」「モデルという仕事にやりがいを感じるんだ」って気付かされた！

Asami：私もすごくわかるよ、それ。今はどんなバランスで仕事を続けているの？

Emi：午前中はなるべく子供と一緒に過ごして、午後から夕方にかけて仕事をする。これが理想ではあるけれど…当たり前だけど、自分一人の都合で仕事の時間を決めることはできないよね。保育園や幼稚園に預けたくても難しかったりするのが悩みでも。毎日、時間通りに迎えに行けるとは限らないし、「熱があるから迎えに来てください」といわれても、すぐに戻れないことのほうがきっと多いから。今は仕事中はベビーシッターさんに預けているんだ。モデルの仕事って自由がきくようで、子育ての面では結構難しいことも多い。それはきっとどんな仕事でも同じだよね。でも子育てから離れる時間が少しでもあるから、自分のバランスが保てている部分もあるんだとも思う。

Asami：やっぱり妊娠中よりも産後が大変なのかな？

Emi：今のうちですよ〜。自分のために時間が使えるのは!!

Asami：やっぱり（笑）。ママ達はみんな同じことを言うんだよね。今のうちにしておいたほうがいいことって？

Emi：8ヶ月だとまだ動けると思うから。行きたいところに行っておいたほうがいいと思います。

Asami：主人と二人きりの思い出を作れるのも今しかないし。そう思って、実は旅行とか結構行きまくってます。無理をしない程度に、ですけどね。

Emi：いいと思う!! 私は少し慎重になってしまったから。「海外旅行とか、もっと行っておけばよかった」って、ちょっとだけ後悔しているんだよね（笑）

子供だけでなく夫も育てる。それが幸せな家庭生活を送る秘訣

Asami：産後はやっぱり大変なのか……それを乗り切るためにはどうしたらいいんだろう？

Emi：旦那さんの協力は絶対に必要になってきますよね。

Asami：お互いの協力は本当に大切だと思う!! そのためのアドバイスってある？

Emi：先輩ママいわく「とにかく甘えろ」とのこと。旦那さんがやると子供が泣いてしまうこともあるし、自分がやったほうが早いと思うことも多いと思うけど、そこはグッとこらえて旦那さんに任せる。諦めて自分がやっちゃうと、後々、全部ママが抱え込むことになっちゃうんだって。

Asami：そうなんだ。先輩、とても勉強になります（笑）

Emi：「子供だけでなく夫も育てなくちゃいけないから、本当に女性は大変」って先輩ママ達が言ってましたよ（笑）

PROFILE
いまじゅく あさみ
1978年1月7日生まれ。ファッションからライフスタイルまで多くの女の子から支持される人気モデル。映画『blue』を皮切りに女優としての活動もスタート。2013年、スタイリストのMASAH氏と結婚。2014年第1子出産。

MESSAGE TO ASAMI
めまぐるしく変化していく子供の成長に幸せを感じる毎日だからこそ過去のことって忘れてしまいがち。そんな私に今宿さんは"お腹に赤ちゃんがいた頃の幸せ"も思い出させてくれました♡ 今宿Babyも無事誕生してよかった！

BEAUTIFUL MAMA TALK PART 1 / EMI & ASAMI

s'eee Mama & Baby | page. 56

TAKING SELFPORTRAIT PHOTOS IN EASY WAY

ベビちぃといっしょに簡単パチリ★

自撮りも集合フォトもOK！のリモコン型シャッターが大活躍！

このリモコンがあればジャストタイミングでパチリ！

自撮りを成功させる頼もしい味方の登場！

ブログやインスタグラム、WEAR……SNS用に自撮りする機会が増えたけど、うーんと手を伸ばして、かわいく見える角度を探してパチリ、は正直大変…。せっかくおしゃれしても全身コーデの撮影は難しいし、ましてや愛しいベビちぃと一緒のカットや、ファミリー集合写真なんて、もはや不可能！！　そんな中、「スマホを固定」しながら「好きなタイミング」で、何枚でも撮影できる便利なツールを見つけちゃいました！　それがこの「Pachil（パチる）」。iPhoneを支えるスタンドとリモコン型のセルフシャッターがセットになった自撮りツールだから、全身コーデ写真も家族やペットと一緒の写真も思いのまま！　今回は、私も公式ユーザーとして使っているアプリ、「WEAR」から出た限定カラーのPachilで、こんなにたくさん撮っちゃった♡

WHAT'S PACHIL?
Meo Snap Pachil
WEAR LIMITED
¥1980 / WEAR

スタンドとしてiPhoneを固定
ストラップとして利用可能
取り外し可能なシャッターボタン
Bluetooth

こっそりリモコンシャッター隠し持ってます(笑)

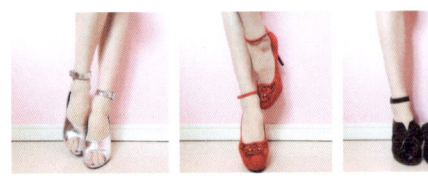

ベビちぃとふたりでパチリ。動き回る子供と一緒でもリモコンシャッターだからラクチン

自撮りでいろんな表情を探してみる？

こんなアップショットも思いのまま♪

ダニョと♡

意外に撮りづらい足元もスマホをスタンドで固定してあるからポージングをしながら絶好の角度からパチリ！

使えばわかる！とにかく簡単＆便利♡

「Pachil（パチる）」は、iPhoneとiPadで使用できるワイヤレスシャッターボタン。まずは手持ちのデバイスをiOSのBluetoothに接続するだけで、早くも撮影スタンバイOK！　アプリも難しい設定も不要だから誰でも気軽に自撮りを楽しめちゃいます。セッティング後はリモコンシャッターを握りしめて、心おきなく表情やポーズをきめてパチリ、と押すだけ。連写もできるから、ぜひいろんなポーズや表情の撮影を楽しんで！　スタンドの色はWEAR限定カラーのブラック。シャッターボタンとスタンドが一体になっているデザインなので、持ち運びもラクチン！

EMI RECOMMENDS! がんばってね

私もWEARやインスタ用に自撮りすることがあるけど、鏡を使ったり、角度に気を使ったり、とか結構テクニックがいるんですよね。でもこのパチるを使えば全身カットも集合カットも本当にラクラク撮影できちゃう。難しい操作やアプリの起動が必要ないのもうれしいところ。今回紹介したWEAR限定版は、パッケージもカラーもオリジナルですごくオシャレです♡

Chapter 3 | Delivery

🔍 zozo パチる　で検索！

Chapter 4
Start Parenting

〈 子育てスタート！ 〉

ママになったえみのライフスタイルはいかに？
おしゃれも育児もやっぱりえみスタイル！

1　MAMA'S FASHION
ママ's ファッション

2　HEALTH & BEAUTY
産後のヘルス＆ビューティ

3　BABY GOODS AND INTERIOR
ベビーグッズ＆インテリア

4　BABY'S ROOM
ベビー's ルーム

5　EMI BOUGHT THESE
えみが買ってよかった！と思うもの♡

6　GIFT CATALOG
素敵な内祝いカタログ

7　MAMA'S MENTAL HEALTH
ママの心の問題

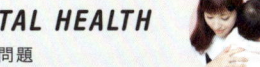

8　SUPPORT FOR WORKING MAMA
働くママたちへの子育てサポート

Mama's Fashion

ママ's ファッション

ママになってもファッション
アディクトぶりは変わらない！

トップスとスカートを白で統一したワントーンコーデ！ インパクトのあるプリントトップスはGIVENCHY、スカートはStussy Women。サンダルはBIRKENSTOCK。

ママになって変わったこと

ファッションのテイストとか好きなものとか…そういう部分はママになってもまったく変わらないけど、母乳育児だったので、なるべくすぐに授乳できる服を選ぶようにしてました。前開きの服だったり、オーバーサイズのトップスだったり。娘の授乳タイムがやってきたらすぐにパパッと対応できる、そういうものをチョイス。足元もベビーを抱いてヒールは不安なので、妊婦時代から引き続きフラットシューズばっかり。この頃は高いヒールを履くのは撮影のときだけになっちゃったな…！

CAT COPYのワンピースに、TOGAのメッシュスカートをレイヤード。made in HEAVENのサンダルにはNIKEのソックスをプラスして、"スポーツミックス"するのが気分。

CAT COPYのTシャツワンピからChromatのガーターショーパンをチラ見せ。VANSのスニーカーやSupremeのキャップでストリート寄りにまとめて。

LIFE WITH A NEW BORN

CAT COPYのカットソーワンピースをsacaiのスカートにインして、Tシャツ風にアレンジ。ソックスはNIKE、サンダルはお気に入りのTOGA。

A.P.C. KANYEのTシャツにSisterで購入したPEARLのセーラーハーネスを重ねて。スカートはジョン ローレンス サリバン、ソックスはSister Original、ブーツはTOGA。

シンプルなデザインながら存在感絶大のバッグはAlexander Wang。ジンジャーエールのセーラーカラーのコンビネゾンと。

ジョン ローレンス サリバンのパンツにMURRALのシャツをインして、オトナっぽく。足もとはCELINEのシューズできれいめに。

女の子のイラストが可愛いプルオーバーはC.E.。メンズものなので、ほどよいゆるさがお気に入り。この日はG.V.G.V.のサスペンダーつきレザースカートにインして、可愛いらしく。シューズはCHANEL。

MAMA'S FASHION

MAMA & BABY'S
LOVELY STYLE

ママとベビーのなかよしファッション

あっという間に過ぎてしまうベビーの時代。
ロンパースやスタイのコーデを楽しんで。

CHEAP MONDAYのノースリーブにBONT ONの赤いブルマを合わせて可愛らしく。

生後2ヶ月のころ。ベビーの肌着姿ってなんともいえず可愛い♡

デイシーの展示会での1コマ。娘も一緒にイヤーカフしてみました。スカートはsacai。シューズはGIVENCHY。娘はボンポワンで購入したお気に入りのロンパース。

娘はbabyGapの耳つきニットパーカコート。ピンクを着せると急に女の子らしくなるから不思議。

Always with you!

寒い日のお出かけはすっぽりくるみこんで。私はステラマッカートニーのニットドレス。

肌寒い時期は"ニット"でハッピーな親子リンクコーディネートを楽しんで。娘はbabyGap、私はWALK OF SHAME。

Enjoy bestie style

babyGapのロンパースにステラマッカートニーのスタイを。スタイは何枚あっても足りないくらいだった！

衿つきシャツはジョン ローレンス サリバン。BACKのレザースカートにインしてすっきりと。シューズは履きやすくて愛用のCELINE。

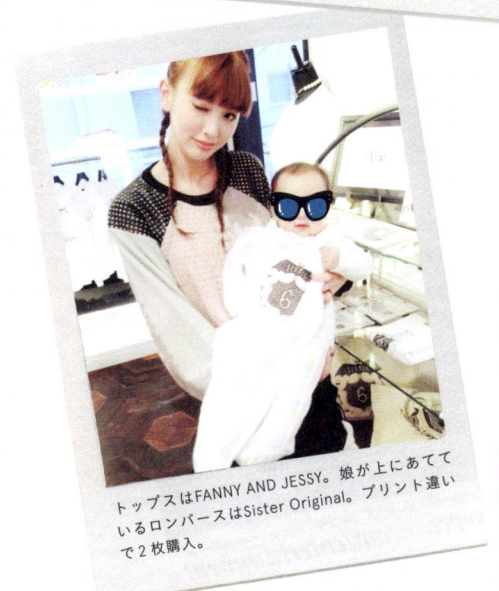

トップスはFANNY AND JESSY。娘が上にあてているロンパースはSister Original。プリント違いで2枚購入。

娘と友達の展示会を見にお出かけ。そんな日は動きやすくて、一枚でもさまになるT by Alexander Wangのフットボール T シャツワンピが大活躍。

暑い季節はパステルカラーで涼しい気分に♪

s'eee Mama & Baby | Page. 61

MAMA'S FASHION

EMI × M·A·C

s'eee Mama & Baby | Page. 62

NO.1
DOLLY PINK
ドーリーピンク

LIP MAKE-UP FOR FASHIONISTA MAMA

おしゃれママがまとうリップの正解は…？

忙しいママはメイクとは無縁……？　答えはNO！　さっとひと塗りで
印象も気分も変わるリップメイクを味方に、とびきりおしゃれな表情を楽しんで。

**リップが主役の
メイクなら簡単！**

育児や家事に追われるとつい
ついメイクもおろそかになり
がちだけど、私は出かける前に
パッと赤リップをつけたりし
て、メイク感を出してました。
唇に色が乗るだけで表情も生
き生きするし、忙しいママに
はリップこそ必須アイテム！

❶ パーリーな輝きがピュアな口紅。えみがデイリーリップ
にチョイスするのは甘すぎない大人ピンク。リップスティッ
ク リトル ブッダ￥2900　❷ 使い勝手抜群の赤みブラウン系
9色がセット。スモール アイシャドウ×9 バーガンディ タイ
ムズ ナイン￥5000　❸ 血色ピンク。カジュアル カラー フ
ォー ユア アミューズメント￥3200／M·A·C

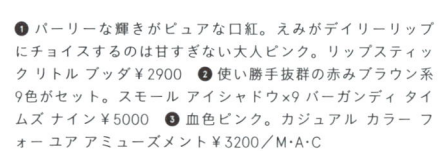

HOW TO

**ツヤも発色も絶妙な
ピンクはマストハブ**

ピンクリップは青みが強いと顔か
ら浮くし、白っぽいとギャルっぽ
くなるけど、まさにそのギリギリ
の発色を叶える1本がこちら。唇が
ふっくらかわいい感じになるから、
目もとは濃いめシャドウをキャッ
トライン風に入れて甘辛MIXで。

Chapter 4 | Start Parenting

NO.2 JUICY RED
ジューシーレッド

HOW TO
モードすぎない赤、
すごく使えます

これはもうスティックを直接唇に当てて、輪郭もとらずにささっと塗ったら、ん〜ぱっとやるだけ。それだけでカジュアルなのにおしゃれ感のある顔、できちゃいます。透け感抜群の赤は洋服を選ばないのも魅力。目もとと頬はナチュラル仕上げでバランスよく。

❶ つややかなエナメルのような発色を叶えるペンシルリップ。赤リップ初心者にもおすすめ。パテントポリッシュ リップ ペンシル プレザント ¥2800 ❷ ほのかな赤みを。カジュアル カラー キープ イット ルース ¥3200 ❸ 自然なグラデアイも自在。スモール アイ シャドウ×9 バーガンディ タイムズ ナイン ¥5000／M・A・C

HOW TO
自分らしさを出せる
マットなバーガンディ

大好きなマット発色のビビッドリップ。こういう強い色のときは眉をしっかり描くと、おしゃれっぽく仕上がります。目もととチークはあえてさらっと仕上げて抜け感を。リップの存在感を生かした、シンプルだけど印象深いフェイス。

❶ 一気にトレンド感を高めるマットリップ。プラムを思わせる深いバーガンディは鮮度抜群。オーバーめに描いて唇をアピールして。リップスティック D フォー デンジャー ¥2900 ❷ ヌーディな血色を。今っぽい抜け感チークが簡単に。カジュアル カラー リラクゼーション ¥3200 ❸ 単色使いでも自然な陰影を実現。スモール アイシャドウ オルブ ¥2400 ❹ スモール アイシャドウ×9 バーガンディ タイムズ ナイン ¥5000／M・A・C

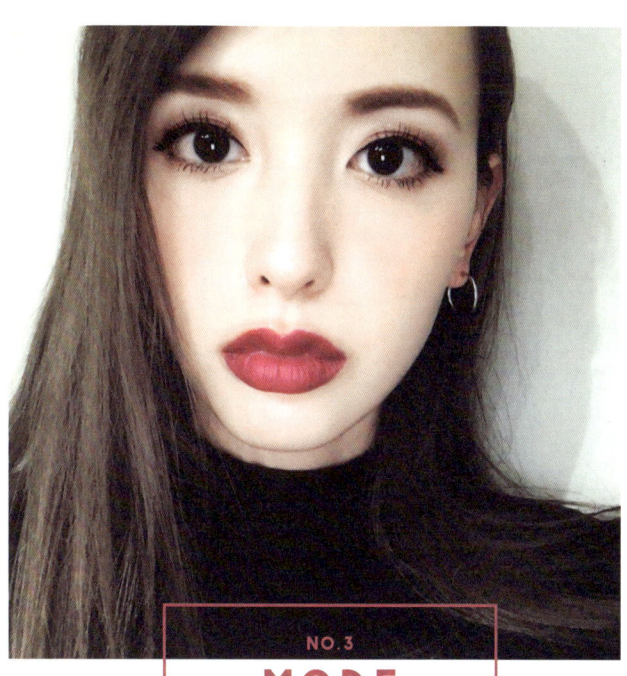

NO.3 MODE BURGUNDY
モード バーガンディ

s'eee Mama & Baby | Page.63

LIP MAKE-UP FOR FASHIONISTA MAMA

お問い合わせ M・A・C

Health & Beauty

s'eee Mama & Baby | Page. 64

産後のヘルス＆ビューティ

ママになってより神々しさに
磨きがかかったえみ。その秘密とは？

photographer:Satoshi Kuronuma hair&make-up:RIE stylist:NIMU

最近はブレイドヘアが気分。高い位置でポニーテールにしてから毛先を2つに分けて三つ編みに。トップス／ジョン ローレンス サリバン　リング（オー）／ハルミ ショールーム　ピアス／本人私物

Chapter 4 | Start Parenting

/ Emi's Skincare /

①ＮＵＸＥ
②ＮＵＸＥ
③ＡＶÈＮＥ
④ＡÉＳＯＰ
⑤ＦＩＧ ＹＡＲＲＯＷ
⑥ＣＬÉ ＤＥ ＰＥＡＵ ＢＥＡＵＴÉ

実際に私の場合は産後もそこまでの大きな肌の変化はなくて…。ホルモンの関係でシミやくすみが出やすくなる！と聞いていたので、最初から美白ケアも意識しているようになどはしたけれど…。でも最近はちょっとだけエイジングケアものにも興味が出てきて、アイケアを投入してみたり、パワフルな美容液を加えてみたり。基本のスキンケアにときどき新しい風を入れながら、少しずつ肌をアップデートさせていけたらいいな。

❶ポンプから出てくるふわふわの泡が肌を優しく洗い上げる。ニュクス ジェントルピュアネス フォームクレンザー 150ml ¥3600、❷ダマスクローズの香りに包まれながら、肌をキュッと引き締め。同 ジェントルピュアネス トーニングローション 200ml ¥3900／ブルーベル・ジャパン香水・化粧品事業本部 ❸肌にも髪にも使えて水分チャージ。アベンヌ ウオーター 300g ¥2200（s'eee調べ）／ピエール ファーブル ジャポン ❹ライトな使用感ながら、目元に潤いを与え、輝くまなざしに。イソップ アイセラム22 15ml ¥8100／イソップ・ジャパン ❺オーガニックの聖地、コロラド州で誕生した自然派コスメブランド。リッチな質感で乾燥ダメージを受けた肌を濃厚に潤す。フィグアンドヤロウ モイストバタークリーム｛ヤロウ｝60ml ¥7600／アリエルトレーディング ❻極上のテクスチャーで肌を根本から底上げ。クレ・ド・ポー ボーテ ル・セラム 40ml ¥25000／資生堂インターナショナル

/ For Hair /

①ＧＩＯＶＡＮＮＩ
②ＧＩＯＶＡＮＮＩ
③ＧＯＬＤＩＥＳ

ヘアケアは新しいものにもたくさんチャレンジしたけど、結局はジョヴァンニ。自然派ながらリッチな仕上がりになるところが好き！ ニューアイテムとして加わったのが、スカルプケアや、髪だけでなくボディにも使えるパウダー。

❶ドライヤーやカラーリングでハイダメージを受けた髪を、アボカド＆オリーブオイルが優しくケア。ジョヴァンニ 2chic モイスト シャンプー・同 コンディショナー 各250ml 各¥2300、❷リキッドタイプの洗い流さないヘア美容液。スッとなじんで光り輝くツヤ髪を実現。同 フリッズビーゴーン スムージング ヘアセラム 81ml ¥2400／マッシュビューティラボ ❸髪にも肌にも使えるマルチパウダー。バスタイムの後につけると潤いと香りが持続。ゴールディーズ ルフール ヘア＆ボディーパウダー 200g ¥3800／サンライズ

HEALTH & BEAUTY

/ Emi's Makeup /

ママ友にも「毎日どうやってメイクしてるの?」ってよく聞かれるけど、確かに今はメイクするのも大変! 元気いっぱいな娘は一瞬たりとも目が離せない状態だから、そばで常に目の端っこに入れながらサッとメイクするような感じ。一番変わったのは眉かな。前よりアイブロウに時間をかけるようになった! 太くストレートな眉で、大人のきちんと感を出すようにしてます。赤リップも相変わらず好き。もはやブームではなく定番化していますね。

/ SKIN CHEEK /

以前はノーファンデーション派だったけど、サンローランのリキッド(②)に出会って、ファンデーション派に転向。軽くて薄づきなのに肌にのせるとパウダー質感に変化。適度なカバー力もあって最高! ①のハイライトで目の下をトーンアップさせたら、チークは③を頬骨を中心にやや横長にオン。

❶ノック式のブラシ型コンシーラー。みずみずしくなめらかなテクスチャーで、重ねても厚ぼったくならない。ラディアント タッチ 全6色 ¥5000、❷インクの構造にヒントを得た新発想の「リキッドパウダー」を採用。肌にぴたりと密着し、サラッとした質感に仕上がる。タン アンクル ド ボー SPF18・PA+++ 25ml 全7色 ¥6500/イヴ・サンローラン・ボーテ ❸クリーミーで肌にスムースになじむチーク。白肌に自然となじむローズブラム。プロ ロングウェア ブラッシュ スタボーン ¥3400/M・A・C

/ LIP /

髪をややダークなグレートーンに変えてから、赤リップがよりしっくりなじむようになった気がする! 普段はローズ寄りの赤が多いかな。今回みたいに④の上に⑤を重ねたり、いろんな赤をレイヤードするのも面白い!

❹見たままの色がそのまま唇の上で発色。軽やかなタッチでムラにならず、均一に色が広がる。パープル寄りのワインレッド。アディクション リップスティック ピュア トウキョウモナムール、❺白肌に映えるピュアなレッド。同 トウキョウストーリー 各¥3000/アディクション ビューティ

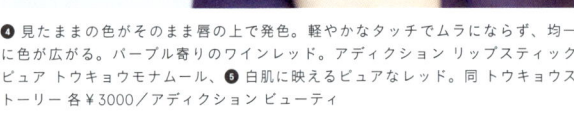

/ EYE /

アディクションの99色あるシャドウの中から好きなカラー6つをチョイスしたマイパレットを日々愛用。今回はその中から⑦を眉尻下、⑧をアイホールに、⑥を上まぶたと下まぶたの目尻側に入れて、まなざしに陰影を。ラインは⑩で目の形に沿って自然に、⑪のマスカラは上下しっかり。眉は⑨で太め&ストレートなフォルムに。

❻まぶたに溶け込むようにフィットする赤みのあるマットなマホガニーブラウン。アディクション ザ アイシャドウ ラ・マムーニア、❼ほのかで優しいマットベージュ。同 ベージュ、❽乾いた大地に着想を得たアースベージュ。同 アースウィンド 各¥2000/アディクション ビューティ ❾極細ペンシルで眉1本1本をリアルに再現。汗や皮脂にも強く持ちがいい。アイブロウ スリム BR25 ¥3800/エレガンス コスメティックス ❿熊野の筆職人が開発したブラシと持ちやすい八角形ボトルで、狙ったラインが想い通りに描ける。色素沈着しない処方。モテライナー リキッド TAKUMI BrBK-R ¥1500/フローフシ ⓫コーミングするたびにまつ毛が根元からリフトアップされダマ知らず。漆黒のピグメントでインパクトのあるまなざしに。ラッシュ クイーン コブラブラック WP ¥4800/ヘレナルビンスタイン

s'eee Mama & Baby | Page. 67

/ DO YOU LIKE BEAUTIFUL MOM? /

HEALTH & BEAUTY

**出産後の抜け毛や
ぺたんこ髪に悩むママが
多いと聞くけれど……**

ベビー誕生は最高のハッピーだけど、ママにとってはそこから始まる慣れない育児や体調の変化も気がかりなところ。そういったお悩みでよく聞くのが、抜け毛ややせ毛といった髪のトラブル。一時的なものとはわかっていても、髪はやっぱり女性の美の象徴。できればなんとかしたい！

そこでオススメなのが頭皮ケア。健やかな土地にはきれいな花や豊かな果実が育つように、健康な頭皮あってこその美髪、だから。とはいえ、忙しいママはヘアサロンに行くのだって、なかなか大変。できれば、毎日のデイリーケアで頭皮も髪もきちんとお手入れしてくれるアイテムがあれば……そんな願いにこたえるラインナップがこちら！

ASTALIFT

Keep The Shiny Hair As A Mama

ママになっても輝く髪でいたい！

以前とくらべてなんとなく髪の輝き、ハリ、コシがなくなってきたみたい……？
そのお悩み、最新のスカルプケアが解決してくれるかも！

photographer:kisimari(W)　　hair&make-up:Mifune　　stylist:Kumi Saito

/ How To Start Scalp Care /

まだ大丈夫と思ってる？
今から始めたいスカルプケア

美しい髪へと導くために、頭皮と髪に必要なものだけを浸透させることにこだわった、アスタリフトの新ヘアケアライン。頭皮に浸透して未来の美髪へ導く独自成分と、髪そのものに浸透して今ある髪を健やかに整える成分が、ハリ、コシ、輝きのある美髪へとサポート。刺激となりやすいアルコールをフリー処方にしたスカルプエッセンス、髪専用ヒト型ナノヘアセラミド配合でハリ、コシをかなえるシャンプー＆コンディショナーの3アイテムがラインナップ。

> シャンプー＆コンディショナーはもはや当たり前のお手入れだけど、スカルプケアを習慣にしている人はまだまだ少数派では？ まだ早い？ めんどくさい？ それともオジサンっぽい？（笑）でも、出産やストレスでダメージを受けたままではきれいな髪は育たないよね。朝晩、頭皮にボトルのノズルをチョンチョンと押し当ててなじませるだけのエッセンスなら、簡単ラクチン。ストレスフリーでお手入れできちゃいます！

\ chon, chon, chon /

朝晩の習慣にしたい スカルプケア

気になる部分を中心にしっかりと髪に分け目をつけたら、ボトルの先端をペコッと音が出るまで垂直に押し当てて、エッセンスをオン。そのまま頭皮に行きわたるよう、手でなじませて。アタマのてっぺんに指で5本の線を描くようになじませるのがコツ！

> 産後の抜け毛や髪質の変化に悩んでいるなら、ぜひスカルプケアを考えてみて。根元のふんわり感が違ってくるよ♡

/ Shampoo /
**ふんわり自然な
ボリューム感のでる洗い上がり**

デリケートな女性の頭皮と髪を優しく洗い上げるノンシリコンシャンプー。アミノ酸系洗浄料ならではの、もっちりと豊かな泡立ちで、汚れや余分な皮脂はしっかり洗い流し、指通りのよい髪に。アスタリフト スカルプフォーカス シャンプー 360ml ￥2000・詰め替え 300ml ￥1600

EMI RECOMMENDS！
ノンシリコンとは思えないリッチな泡立ちで、シャンプー中から「これはいい感じかも♪」と期待感が高まります。すすぎのときの泡切れもよく、時間をかけずにすっきり流せるところも好き！ 洗い上がりとしては、頭皮はキュキュッと、髪はほどよくうるおいが残っている感じかな。猫っ毛で細い私の髪にも合っている気がします。

/ Conditioner /
髪に必要なうるおい、ハリ、コシを

シャンプーの後はコンディショナーでうるおいとハリを。加齢や産後の抜け毛でダメージを受けた髪に集中浸透。髪内部の空洞を埋め、しっとりしつつも、適度なボリューム、ツヤ、ハリのある美髪に。アスタリフト スカルプフォーカス コンディショナー 360ml ￥2000・詰め替え 300ml ￥1600

EMI RECOMMENDS！
アスタリフトを使い始めて変わったと思うのはまず指通り。根元はいい感じに立ち上がりつつ、毛先がしっとりと落ち着いてシルクタッチの髪になります。今は娘が元気いっぱいなので抱っこしてるときは髪をゴムで軽く結ぶこともあるんですが、ほどいたときにも跡が残らず、ストレートヘアを保てます。このコンディショナーのおかげかな!?

/ Essence /
健やかな頭皮のために

頭皮にダメージを与える可能性のあるエタノールを一切使わず、独自成分ナノグリチルレチン酸を浸透させ、健やかな頭皮環境に整える頭皮用美容液。朝晩、頭皮に直接ボトルを当てて塗布し、なじませるだけ。アスタリフト スカルプフォーカス エッセンス 75ml ￥3200・150ml ￥5700

EMI RECOMMENDS！
お風呂上がりに頭皮に直塗りして、軽くマッサージするだけだから、忙しいママでも負担なくできるところがオススメ。ドライヤーで髪を乾かしたときに、根元の立ち上がり感に違いがでます。べったりしないからスタイリングがしやすくなって、結果的には時短かも！ 産後に髪質が変わって悩んでいるママたちにぜひ使ってほしいです♡

KEEP THE SHINY HAIR AS A MAMA

お問い合わせ　富士フイルム

BABY GOODS AND INTERIOR

ベビーグッズ & インテリア

ベビーグッズを買い揃えることは
ママの大きな楽しみのひとつ♡

MUST HAVE ITEMS FOR BABIES

ベビーにマストで必要なもの

見ているだけでも幸せな気分になれちゃうベビーグッズ。かわいいから、たくさん買っちゃいそうになるけど、本当に必要？　無駄にならない？　初めてママになる私にとっては、どうジャッジしていいかわからなかったな…。ネットを見るといろいろ書いてあるし、見極めが難しい！　ということで、ここでは私なりに「マストなもの」と「使ったら便利だったもの」に分けてご紹介。ぜひ参考にしてね♡

[MUST HAVE LIST]

☑ 哺乳瓶　　☑ 肌着

☑ おむつ　　☑ 綿棒

☑ お尻拭き　☑ ソープ

☑ ガーゼハンカチ

Chapter 4 | Start Parenting

USEFUL ITEMS これもあると便利！

① うきわリング

② ベビーバス

③ ベビー用爪切り

④ スリング

⑤ チェアベルト

⑥ 抱っこ紐

⑦ ベビーオイル

⑧ ベビーソープ

⑨ おしゃぶりホルダー

⑩ ウォータースプレー

⑪ おしゃぶり

⑫ リップバーム

① ベビーの首に装着するうきわ型のスポーツ知育用具。～18ヶ月かつ11kgまで。スイマーバ うきわ首リング 全7色 ￥3000／Swimava Japan ② 空気を入れて膨らますベビーバス。ベビーへの肌当たりがよく安全性を計算した設計。ふかふか ベビーバスW 全3色 ￥2500／リッチェル ③ ベビーの小さな爪専用の爪切り。サッシー ソフトネイル・クリッパーズ ￥702（税込）／ダッドウェイ ④ 縦抱き、横抱き、前向き、おんぶの4つの抱き方ができ、さらに授乳ケープやおむつ替えシートにも。あっきースリング グランデシリーズ マカロン ￥21700／ニコベビー ⑤ いろんなタイプのイスやママの腰にも装着できるベビー用おすわり補助ベルト。キャリフリー チェアベルト ￥1900／日本エイテックス ⑥ 対面抱き、おんぶ、腰抱き、前向き抱きの4通りでベビーのおすわり姿勢を支える。エルゴベビー 360ベビーキャリア／ブラック＆キャメル ￥23500（税込）／ダッドウェイ ⑦ オーガニック配合率が95％までUP。ライトなタッチで肌にスッと浸透。ヴェレダ カレンドラ ベビーオイル 200ml ￥2500／ヴェレダ・ジャパン ⑧ 素肌と同じ弱酸性pH5.5の泡がデリケートなベビーの肌を優しく洗い上げる。ベビーセバメド フェイス＆ボディウォッシュ 200ml ￥1200／ロート製薬 ⑨ おしゃぶりがなくならないよう胸にクリップできるホルダー。ベビーバディ おしゃぶりホルダー・ベア ￥756（税込）／ダッドウェイ ⑩ 皮膚バランスを整え鎮静させる温泉水100％のスプレー。アベンヌ ウオーター 300g ￥2200（s'eee調べ）／ピエール ファーブル ジャポン ⑪ 舌の動きを妨げにくい構造になっていて口腔トレーニングにも。ヌーク おしゃぶり・ジーニアス（キャップ付）／シリコーン ￥648（税込）／ダッドウェイ ⑫ ローズマリーなどの天然成分がとろけるようになじんで保湿。USDA認定。エルバビーバ ベビーリップCバーム 18g ￥1900／スタイラ

BABY GOODS AND INTERIOR

BABY'S ROOM

ベビー's ルーム

ベビーのおもちゃやお部屋を準備するのも
ママにとっては素敵な楽しみ♪

photographer:kisimari(W)　stylist:Kumi Saito

s'eee Mama & Baby | Page. 72

チェストの上のぬいぐるみの前に置いたボールライト ¥5800、乳母車 ¥9200／PIENIKOTI jiyugaoka　カラフルな木琴 ¥2500／アリヴェデパール

Chapter 4 | Start Parenting

ついつい買ってしまうおもちゃだけど……？

エンドレスに増えるおもちゃ！　可愛くてなんでもあげたくなっちゃうけど、ママの思いとは裏腹に、子供が気に入ってくれるものって決まっていたりして、結局いつも同じ人形を持っていたりする（笑）。だから妊婦時代から先回りして買う必要はないかも。

❶ イエローのキッチン￥16000、イエローのキッチンに置いたキッチンセット￥3800／PIENIKOTI jiyugaoka　キノコランプ￥15000（ボンポワン）／ボンポワンジャポン　❷ カゴにのせたトランプのぬいぐるみ￥14000（ボビーダズラー）／スラッシュ　❸ シャンデリア￥19000／ボーネルンド　❹ 青いドールハウスの上に置いた猫のぬいぐるみ￥5000（ボンポワン）／ボンポワンジャポン　赤いピアノ￥9200／PIENIKOTI jiyugaoka　❺ 大きな丸のカラフルクッション（参考商品）／CALMA　❻ 木馬￥19000／ボーネルンド　木馬に巻いたストール￥14000／ボントン 代官山　フルーツのおもちゃを入れたケース￥9000（ボンポワン）／ボンポワンジャポン　❼ チェストの上のぬいぐるみ（左端の犬）￥14000、（その他のぬいぐるみ）各￥13000（ボビーダズラー）／スラッシュ

EMI BOUGHT THESE

えみが買ってよかった！と思うもの♡

ベビー時代のアイテムって実は使う期間はごくわずか。重宝したのはこんなものたち。

> 今は添い寝だけど、これから活躍するはず（笑）！

EMI BOUGHT 1

STOKKE SLEEPY BED
ストッケ スリーピー ベッド

キットを追加していけば、生まれてすぐから10歳頃まで長く使えるベビーベッド。床板の高さも調節でき、快適さと安全を確保。スリーピー ベッド（L127cm×H86cm×W74cm）¥90000／ストッケ

EMI BOUGHT 2

BUTTER MILK PAINT
バターミルクペイント

> ペンキ塗りが大好きな私♡子供部屋の壁や家具は自ら塗りました

アーリーアメリカンの職人が創り出した柔らかな色調を忠実に再現した、ミルクが主成分のペンキ。乾くとマットな仕上がりで耐水性に優れているのもポイント。バターミルクペイント 50〜3785ml 全20色 ¥360〜¥8700／（株）サン-ケイ

EMI BOUGHT 3

STOKKE TRIP TRAP
ストッケ トリップ トラップ

子どもとともに成長する椅子。座面と足のせ板の奥行きと高さが調節でき、正しい姿勢をサポート。それぞれ色のバリエーションも豊富。トリップ トラップ 全10色 ¥27500、トリップ トラップ ベビーセット 全9色 ¥7250／ストッケ

Chapter 4 | Start Parenting

GIFT CATALOG

素敵な内祝いカタログ

みんなからの出産祝いには心のこもったギフトでお返し♪

￥1000~2000

くるみのクッキー

ほっこり可愛いイラストのパッケージで人気の西光亭のクッキー。50箱以上の注文で子供の名前や身長・体重を入れられる内祝用パッケージも。くるみのクッキー ￥1200／西光亭

名入りマカロン

ヴァニーユ（バニラ味）にベビーの名前を入れられるマカロンのセット。ハート柄入りもあって、見た目にもキュートなギフトに。プールミッシュ 名入れマカロン A ヴァニーユ3個、フランボワーズ・シトロン×各1個 ￥1200／赤すぐ内祝い

調味料セット

毎日の献立にフル稼働する、こいくち醤油、めんつゆ、濃縮だしの3種がセットに。塩分控えめのほのかな甘さの漂う絶妙な味わい。ヤマモ あま塩醤油、あじ自慢、白だし、贈答用詰め合せ 各300ml ￥1970／ヤマモ味噌醤油醸造元

￥2000~3000

オリーブオイル

ワインのボジョレー・ヌーボーのようにたわわに実ったオリーブでできた完全有機栽培のオイル。シンプルでクセがなく日本人好み。チャンベルゴ・セレクション 500ml ￥2550（税込）／福猫屋

お米セット

人気の6種の料理米をそれぞれ風呂敷で包み、詰め合わせたセット。格式高いギフト箱も、無料で全5種類から選べるのがうれしい。十二単シリーズ 六分咲き ￥3000／八代目儀兵衛

￥3000~

お赤飯セット

内祝いにぴったりの紅白の丸餅が食べきりやすい2個包装になって、お赤飯とセットに。桐箱に3文字まで名入れOK。お赤飯&紅白まるもちセットC 赤飯355g（加工米200g・具入りスープ155g）、丸餅（白・赤 各33g×4、とろけるきな粉10g×4） ￥3200／赤すぐ内祝い

オリーブオイル

選ばれた完璧な実のみを手摘みして3時間以内に搾油した極上の風味と香りのオリーブオイル。青りんごのようにフレッシュで、濃厚なのにすっきりとした味わい。IO エクストラヴァージンオリーブオイル イオ 500ml ￥5300／イスコ

タオルセット

言わずと知れた最高級タオルブランド。内部に空間のある独自の糸を使っているから、柔軟剤を使わずとも極上の手触りに仕上がる。すごいタオル フェイスタオル ギフトセット（40cm×85cm）2枚入り・箱代込 ￥3800／今治タオル

MAMA'S MENTAL HEALTH

ママの心の問題

子供の成長を日々見守ることができる幸せとともに、計り知れない大変なこともある…。

photographer:kisimari(W)　hair&make-up:Mifune　stylist:Kumi Saito

**BATTLES WITH
A LITTLE MONSTER**

怪獣との毎日

　健診で「女の子ですよ」と告げられたときも「本当ですか？」「間違いじゃありませんか？」って何度も確認しちゃったくらい、私ね、ずっと「男の子がほしい」と思っていたの。そのせいか、うちは女の子なのに本当にヤンチャ。ちょっと目を離したが最後、カーテンの裏に大好物のパンを隠したり、お財布からお札やらカードやらをキレイに抜き取って遊んでいたり……イタズラもしょっちゅう!! 今日の朝も寝室の棚に並んでいる何十枚ものDVDをぜ～んぶベッドの上にぶちまけて。私がそれを棚に戻していくと、また端からひとつひとつ出していくっていう。このやりとりを1時間くらい続けました（笑）。

　ベビちぃが生まれてから約2年。最近は一人でいろんなことができるようになったから、手が掛からなくなったこともあれば、逆に気をつけなくちゃいけなくなったことも……。ひとつ心配が減って、またひとつ心配が増える。毎日その繰り返し。

　昨日はできなかった"拍手"が今日できるようになった。昨日は生えていなかった"歯"がにょきっと出てきた。今日はグズらずに寝てくれた。よく笑うようになった、怒るようになった……。

　毎日、成長するベビちぃ。同じ日なんて一日もないと感じるからこそ、どんなにグズっても、泣いても、イタズラしても、今この瞬間にある全てが愛おしく思える。

　でもやっぱり子育てって大変!! スタイリッシュに子育てをしているように見えて

Chapter 4 | Start Parenting

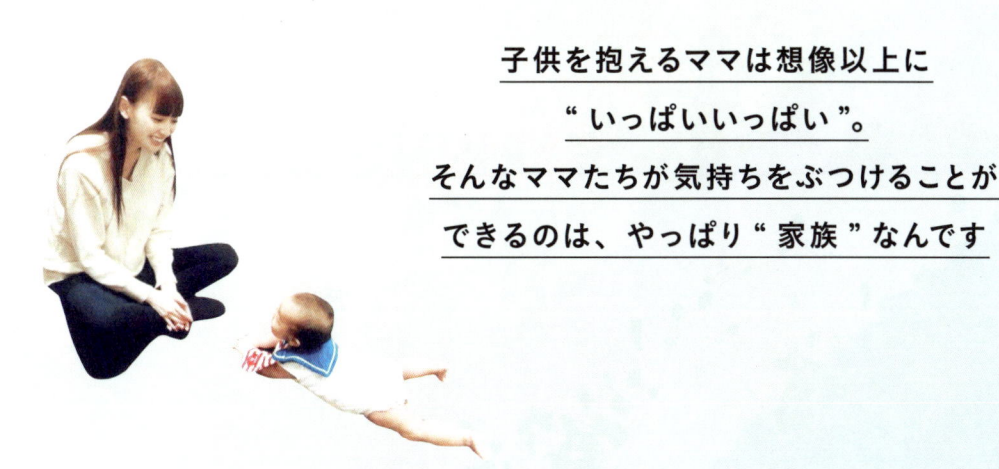

子供を抱えるママは想像以上に
"いっぱいいっぱい"。
そんなママたちが気持ちをぶつけることが
できるのは、やっぱり"家族"なんです

ますか？　私も世間のママたちと同じく、ボロボロです（笑）。今の私の願いはただひとつ。「心ゆくまで爆睡したい!!」（笑）。

WE ARE BOTH FRESHMAN
子供歴2年、ママ歴2年、ともに新米です

「24時間常に他の人間の時間軸で動くこと。自分以外の人間の存在をひと時も頭から離せないこと、それは想像よりもはるかに神経を使うもの」。これは自分がママになって初めて痛感したこと。そんな余裕のない毎日のなかで、自分の弱さや脆さに気づかされることも。「完璧を求めない」「全部できなくて当たり前」「うまくいかないことも受け入れる」。娘との毎日はいろんなことを私に教えてくれます。"子供と一緒に親も成長していく"っていうのは本当のことなんだね。

FOR PAPAS
パパたちに伝えたいこと

ママたちのオナカから産まれてから「せーの!!」でスタートする赤ちゃんたちだけど、その成長はそれぞれ。大きくなるにつれ生まれてくるのが、「他の子はこうなのに」「コレはうちの子だけなのかな？」という不安です。叱り方ひとつにしても「何が正しいんだろう」って悩むし、「自分の育て方で子供の未来が変わってくる」というプレッシャーだって常に抱えている……。子供を抱えるママは想像以上に"いっぱいいっぱい"です。親元から離れた街で子育てをしているママはとても孤独です。だからこそ、コレを読んでいるパパがいたら、「できるだけママを支えてあげて下さい！」と声を大きくして伝えたい！　"働くママ"は大変です。できることでいいから家事を手伝ってあげてほしい。"専業主婦のママ"だって大変です。1時間でいいから自分だけの時間をプレゼントしてあげて。そして、ときにはサンドバッグになってあげてほしい♡　ママたちが思い切り気持ちをぶつけることができるのは"家族"だけなんだから。

THINGS I LEARNED
新米ママが学んだコト

"教科書通り"にいかないのは育児も同じ。この2年は本当に育児の壁にぶち当たっては悩む毎日だったけれど。「家族が幸せでいることが何より大切で、決してそれを忘れてはいけない。自分の家庭に合ったやり方、バランスがある。他人の育児は参考までに、決して比べたりしないこと」。それが、新米ママなりに私が出した答えです。そしてどんなときでも私を広い心で受け止めてくれる旦那さん。この場を借りて、「いつも本当にありがとう」。

SUPPORT FOR WORKING MAMA
働くママたちへのサポート

子育てと家事だけでも大変なのに、プラス、仕事もこなしちゃう"ワーキングママ"って、本当に尊敬する！

私の場合、午前中はできるだけ子供と一緒に過ごして、午後から夕方までの間に仕事をするようにしています。今は仕事の間はベビーシッターさんに預けています。子供と離れ離れになっていると"いま何してるんだろう？""ちゃんといい子にしているかな？"なんて気になることもしょっちゅう。でも、育児と仕事の時間と場所をはっきり分けることで自分のバランスが保てるようになった気もする。欲ばりかもしれないけど、子育ても家事も仕事もちゃんとやりたいと思う。だからこそ、世の中のママたちがもっともっと働きやすい環境になっていったらいいな。

MAMA'S MENTAL HEALTH

SUPPORT FOR WORKING MAMA

働くママたちへの子育てサポート

小さな子供を預けて働くママたちにとって最大の関心事は預け先！
ここでは代表的な4つの施設をタイプ別に紹介します。

種類	特徴	時間と値段	どんなママ向け
TYPE 1 認証保育園	東京都独自の制度。駅前に設置することを基本としたA型と、小規模で家庭的な保育を行うB型がある。0歳から預けることができる。	・13時間以上の開設が義務付けられている（施設により異なる）。 ・月に8万円以下（月220時間以下利用の場合）の範囲内で園が自由に設定できる。収入による違いはないのが一般的。	フルタイムママ。パートなどの時短勤務ママ向け。
TYPE 2 認可保育園	国が定めた設置基準（園庭の広さ、保育士等の職員数、給食設備、防災管理、衛生管理等）をクリアして、都道府県知事に認可された施設。	・認可園の保育時間は基本的に11時間（延長保育や夜間保育を行う園もある）。 ・保育料は親の年収や生活形態によって決められる。比較的安い（月額2〜4万円程度）。	フルタイムで働くママ向け。
TYPE 3 認可外保育園	園庭の広さなどさまざまな設置基準の関係で、国の認可を受けていない保育施設のこと。ベビーホテルや深夜に開かれている保育施設なども含まれる。	・施設や契約内容によってさまざま。 ・公的補助がない独立の施設では、月額10〜15万円ほどになることも！	深夜や早朝などの時間帯に働きたいママ向け。
TYPE 4 ベビーシッター	保育士などの有資格者が利用者の希望場所で子供を預かるサービス。一対一で接するので細かい要求に応えてくれるケースが多い。	・利用者の希望に沿った時間帯で保育をお願いできる。 ・地域や内容によるが1時間1000〜5000円が相場。平均で3000円程度。	時短勤務のママ向け。

＊s'eee調べ

Chapter 5
Steps To A Kid
〈 キッズへの階段 〉

コミュニケーションや活動の場も
どんどん広がって、ママも大忙し！

1 MAMA & KID'S FASHION
ママとキッズのファッション

2 KID'S WEAR BY STYLE
キッズのおしゃれ

3 BABYCHI ON INSTAGRAM
ベビちぃのインスタグラムの作り方

4 EMI SELECTS KID'S TOY
キッズのおもちゃ

5 AREA MAP
エリア別お出かけMAP

6 BEAUTIFUL MAMA TALK
美しすぎるママトーク PART2 with 佐田真由美さん

COLUMN 4
EMI'S MAMA FRIENDS
えみのママ友FILE

mama&kid's fashion

ママとキッズのファッション

思い込みにとらわれず、
服やメイクで HAPPY に！

日々のポジティブパワーは好きなファッションから！

子供と一緒の日はパンツじゃなきゃ、スニーカーじゃなきゃ……。ママになるといろいろ制限が出てくるけど、私の場合は"歩きやすい靴"がマストなだけで、それ以外は NO ルール！　好きな服を着て、好きなメイクをして、自分自身の気持ちを高めるようにしているよ。だって、ママがハッピーでいることが家族みんなのシアワセにもつながるはずだから♡　そして、慌ただしい毎日だからこそ、夫と２人の時間をつくることも大切。子供と一緒じゃできないおしゃれをして、記念日に映画や食事へ行く。ママにとって最高の贅沢＆リフレッシュかも！

Chapter 5 | Steps To A Kid

s'eee Mama & Baby | Page. 81

mama's bag

着替えにおやつにおもちゃ…
ママには収納力抜群で
おしゃれなバッグが必要！

deicy

made in HEAVEN

MB

ビッグトートは収納力が魅力

大きなトートはぽんぽん物を入れられるところがママバッグにぴったり。スタイリッシュなデザインとまるでママバッグのイニシャルみたいなロゴもアクセント。バッグ（ミア バッグ）／アパルトモン ドゥーズィエム クラス 事業部

両手が空くリュックも重宝！

トレンドのリュックなら、両手は空くし、おしゃれ感もあって、今どきのママにはかなりオススメ。ジップのついたアウトポケットもすぐに取り出したいものを入れるのに便利。活動的な日にも。リュック／デイシー代官山店

大小セットを使い分けして

取り外しのできるポシェットはサブバッグとしても活躍。ママバッグは甘いデザインのものが多いけど、モノトーンなら着る服も選ばないので、デイリーに使える。ファーポシェット付きバッグ（made in HEAVEN ACC）／Cry.

photographer:Kevin Chan

MAMA & KID'S FASHION

MAMA & KID'S OUTING STYLE

ママとキッズのお出かけスタイル

だんだんとお出かけの機会も増えて
ママ＆キッズコーデもバリエ豊かに。

雑誌に載ってるママをまねっこ…

SAY CHEESE!

遊園地にはTシャツがいちばん！

おでこにchu

IT SUITS YOU ♥

ふたりでベロッ♡

WE ARE FASHION ICONS!?

最近はカメラ目線もお上手に？

YUM YUM YUM…

FUN! FUN! FUN!

ベビちぃのアウターは
Mini Rodini

kid's wear by style

キッズのおしゃれ

photographer:Satoshi Kuronuma
hair&make-up:RIE
stylist:NIMU

kids be fashionable!

うちのベビちぃ、安定のボーイッシュ娘です

たいてい男の子に間違われて、フリルとか花柄はどうも似合わない……はい、我が家の安定のボーイッシュ娘です。なので、ついつい、Tシャツ、パーカ、スニーカーみたいなコーデが多くなる。似合うし（笑）。私自身もそんなに甘いテイストが好きというわけではないので、そうなっちゃうのもあるかな。大きくなると、水着やよそゆきスタイルとか、髪がのびてきた最近はヘア小物を使ってアレンジしたり、とかまたいろいろなスタイルが楽しめる。このごろでは自分のものよりベビちぃの服ばかり見てしまってます（笑）。

オールインワン、キャップ（babyGap）／Gapフラッグシップ原宿

boyish style

Slide is my favorite!

アメカジとかデニムとかって
ちっちゃな女の子にホント似合う

funny style

moshi moshi...?

ちょっと奇抜なアイテムは
キッズならでは

s'eee Mama & Baby | Page. 85

relax style

おうちウェアを着ると
キッズからベビーに逆戻り♡

beach style

シンプルでいくか、
キュートにいくか？

KID'S WEAR BY STYLE

babychi on Instagram

https://instagram.com/babychi_official/

BABYCHI_OFFICIAL

57 posts 47k followers 28 following

✓ FOLLOWING

ベビちぃ。🐥 2013/10/07

Chapter 5 | Steps To A Kid

ベビちぃのインスタグラムの作り方

最初は私のインスタグラムのアカウントでベビちぃのこともあげてたんだけど、だんだん画像も増えてきたので独り立ちさせました（笑）。本人が自分の意志で決められるまでは、顔は出さないほうがいいかな、と思っています。今はかわいいスタンプや素材がたくさんあるので、その加工も楽しいし。画像を切り抜いたり、吹き出しをつけたり、イラストを組み合わせたり、アプリを使えばホントに簡単にできちゃいます。ぜひトライしてみて！

favorite app

Faded
画像の露出、コントラスト、色みなどの補正や、トリミングや傾き補正など編集機能が充実。雰囲気のある画像演出も思いのまま。

Rookie Cam
シンプルで使いやすい画像加工アプリ。フィルターがたくさん内蔵されているので好みのテイストに即アレンジできるのも魅力。

ArtStudio
画像に文字やイラストを簡単に描き込めるお絵かきアプリ。色や太さはもちろん、タッチの種類も選べます。背景をこれで白く塗りつぶしてます。

aillis
フィルターやぼかしなどの基本加工はもちろん、豊富なフレームやスタンプ、トリミングに文字入れ機能まである万能さ。重宝間違いなし。

papelook
複数の画像をコラージュしたり、たくさんのスタンプで加工を楽しめるなど編集機能が充実。

PopCam
かわいくて使えるクリエイターのスタンプやユニークなフォントがたくさんで、おしゃれな加工が思いのまま。エフェクト機能も豊富。

正方形さま
画像を正方形にするアプリ。反転、余白調整などのレイアウト機能もついているのですごく便利。

KID'S ITEMS

s'eee Mama & Baby | Page. 88

EMI SELECTS KID'S TOY

キッズのおもちゃ

お出かけや旅行の機会も
増えてくると、
選ぶアイテムもどんどん広がる！

photographer:Yoshihito Ishizawa
stylist:Chie Ninomiya

TRAVEL

ベビちぃが9ヶ月のときに友人の結婚式でハワイへ。「飛行機、大丈夫だった？」ってみんなに聞かれるけど、ぜんぜん平気だった！
娘はほぼ寝てたけど、お気に入りのおもちゃにDVDも持ち込んで、無事に乗り切りました。また行きたいな♡

(右上から時計まわりに) 地図柄ガーランド￥1600（ハッピー オーガスト）／リトロワ 花柄トランク￥9250／テル・ア・テール（fāfā）ネックピロー￥2250（スキップホップ）・黄色いトランク￥6800（トランキ）／ダッドウェイ ワイドレンズカメラ￥2800／Super heads ピンクのクルマのおもちゃ￥2200（kiko+)・足型の積み木のおもちゃ￥4900（gg*）／Kukkia マップ￥1000（ゼロバーゼロ）／ビームス ジャパン キッズ用サングラス各￥16000（ベリーフレンチギャングスター）／ブリンク ひらがな地球儀￥8000（SHOWAGLOBES）／ビームス ジャパン その他／スタイリスト私物

Chapter 5 | Steps To A Kid

PICNIC

子供は広々とした広場で走り回り、
ママはまわりの目を気にすることなく、
のんびりリフレッシュできる。
親子でノンストレスなピクニックって、最高!
なんてことない時間も愛する家族となら、
スペシャルになるよね♡

BIRTHDAY

今まで参加したなかでいちばん印象的だったのは
スタイリスト斉藤くみさんが愛娘のために
開いたお誕生会。お店を貸し切って、
キッズスペースをつくって、まるで遊園地のような
スペシャルなかわいい空間でした!
親子で楽しめるイベントは招待される側も
うれしいよね♡

(右上から時計まわりに)雲のモビール手前￥4300・奥￥3800(ザ バター フライング)/リトロワ ビーバーバックパック￥2500(ネイチャークリエーションアリゼ)/ビームス ジャパン ストローハット￥5546/テル・ア・テール(fàfà) ラビット型ライト￥1200/kinö スマイルカップ￥800(ダイネックス×ビームス)/ビームス ジャパン1F カップの下にしいたコースター各￥500(バッシュ×ジャーナル スタンダード)/ジャーナル スタンダード ファニチャー 渋谷店 ブランケット￥11000(ボーイ アンド ガール)/シップス 二子玉川店 スピーカー￥19000/ニクソン 日焼け止め￥2300(WELEDA)/コスメキッチン ティピ型ライト￥9000(コーラル アンド タスク)/リトロワ その他/スタイリスト私物

(右上から時計まわりに) シルバーのケーキスタンド￥6800/kinö ケーキスタンドの一番上のキャットマスク￥1760(アキヨ エ アキコ)/リトロワ 2段目のパール&リボンネックレス￥4400/テル・ア・テール(fàfà) 3段目のグリーンのドーナツ型キャンドル￥2500・カップケーキ型キャンドル￥2300/シュクルリー デュ ジャポン バースティー 下にしいた刺しゅうクロス￥6300・ガラスのボトル￥1200・ボトルにさした造花￥1000/kinö 黒のストラップシューズ(14〜22cm)￥9800〜(ユニサ)/シップス 二子玉川店 紙皿の上のカップケーキ型キャンドル各￥2300/シュクルリー デュ ジャポン バースワティー カラフルウッドスプーン、フォーク6色パック各￥400(リトルモネード)・HAPPY BIRTHDAYガーランド￥1900(マイリトルレディ)・スクエアペーパープレート(12枚入り)￥800(サンベリーナ)/リトルモネード ロゼット各￥3600(ピクシーピクシーズ)/イマジン サンシャイン ベビーティー￥900(SONNENTOR)/コスメキッチン バースデーカード￥1400・ゴールドのカードスタンド￥1800/kinö クマにつけたボウタイ￥3800/シップス 二子玉川店 クマがかぶったパーティハット￥3600(mouche)/Kukkia その他/スタイリスト私物

SENIOR KID'S ITEMS

s'eee Mama & Baby | Page. 90

SHOES
ハッピーなお出かけを約束♡

❶ 雨の日だってカラフルな長靴があれば気分は晴れやか。ハンター キッズ ファースト クラシック ¥7000／STEP inc. ❷ おしゃれキッズの定番スニーカー。自分で着脱しやすい面ファスナータイプ。オリジナル ス スタンスミス ¥6900／アディダス オリジナルス

DRAWING
クリエイティブな感性をはぐくむ塗り絵グッズ

❸ 食品基準をクリアした天然のみつろうでできたクレヨン。シュトックマー みつろう ブロッククレヨン16色缶 ¥3100／おもちゃ箱 ❹ 自由にペインティングできる紙コップ。ホームパーティやBBQでも大活躍。OMYペーパーカップ（8個入り）¥800／キイロイキ

FASHION
ママと一緒におしゃれを楽しもう♪

❺ 注目のアクセブランドSophia203 Little Ladies。新作はてんとう虫とクローバーがモチーフ。（左から）Sophia203 Little Ladies ベルト ¥9500、ミニトート ¥7300、ネックレス ¥8800、ブレスレット ¥3400／Abi Loves ❻ 特別な日はボディシールで遊び心をプラス。ビーインク・ボディシール レインボー ¥500／ダッドウェイ ❼ UK生まれのおしゃれネイルブランドから、石けん水で落とせる新処方のシリーズが誕生。ネイルズ インク H2GO 全6色 各¥2600／ティー エーティー ❽ 水溶性マニキュア。ネイル特有のツンとした香りなし。ピギーペイント 全10色 各¥990／エッチイーシグループ

MEAL
安心＆安全でモバイル性も高いフードはママの味方

❾ 遺伝子組み換え作物不使用。フレッシュなストロベリー味。プロヴァメル オーガニック豆乳飲料ストロベリー味 250ml ¥230（チューズィー）／MIE PROJECT ❿ 厳選された食材を下ごしらえして真空パックした離乳食セット。お湯に入れて温めて混ぜるだけ。月齢によって素材の大きさや軟らかさを変えているのもうれしい。bebemeshi「おうちごはんセット」（9〜10ヶ月）¥620／ASSOLATO ⓫ 佐賀県産のいちご「さがほのか」をスライスし、低温で乾燥。さがほのか ドライいちご ¥400／冬月さんちのいちご畑 ⓬ （左から）キッズ用に作られたメラミン樹脂素材の食器シリーズ。デザイン レターズ メラミン カトラリーセット（スプーン2本、ナイフ、フォーク）¥3000、プレート ¥1500／アクタス ⓭ 正しいお箸の持ち方を自然とマスター。エジソンのお箸 ¥1050（税込）／エジソン ⓮ フリーズドライの納豆と有明海の海苔がたっぷり。納豆ふりかけ 40g ¥324（税込）／通宝海苔 ⓯ 鉄分たっぷりのプルーンは便秘のときにも。有機プルーン 130g ¥430（税込）／クレヨンハウス

TOILET TRAINING
おむつとの決別は大人への第一歩！

⓰ 人間工学を考慮した設計でキッズのお尻に快適にフィット。裏側に調整ダイヤルがついているので、ほとんどの便座に無理なく取り付けが可能。トイレトレーナー ¥4800／❶便座に乗る際のステップに。トイレトレーニングベビーステップ ¥2800／ベビービョルン

TOOTH & BODY
毎日使うものだから高品質のものを

⓲ 子供が自分で歯磨きに慣れるように持ちやすく設計された歯ブラシ。0〜6歳児用。Dr.Bee Baby ¥1490（税込・s'eee調べ）／ビーブランド ⓳ ハーブやキシリトールを配合したナチュラルなトゥースペースト。キッズが好きないちご味。エッセンスビオ ストロベリー トゥースペースト 75ml ¥1100／メルヴィータジャポン ⓴ 発泡剤を使用していない歯磨き粉。食品レベルのオーガニック成分配合率をクリア。メイド オブ オーガニックス トゥースペースト オレンジ 75g ¥1200／たかくら新産業 ㉑ 顔にも体にも使える泡で出てくるマイルドソープ。優しい香りに包まれて幸せなバスタイム。フェイス＆ボディ フォーム ウォッシュ フォーマー＆チャイルド 300ml ¥2500／レ・メルヴェイユーズ ラデュレ

Chapter 5 | Steps To A Kid

キッズにうれしいあれこれ

毎日成長していく子供たちに合わせてアイテムもアップデート！

TOYS
創造力がどんどん膨らむ
見た目も可愛いおもちゃたち

㉒ おもちゃが収納できるトランク。車輪がついているから乗って遊ぶことも可能。ライドオン・トランキ バンブルビー・ベルナルド ¥6800／ダッドウェイ ㉓ 砂のアイスクリームが簡単にできるお砂場セット。フックス フックス・アイスメーカーセット ¥2400／ともはぐ パレット ㉔ フライパンや調味料入れ、お鍋などがすべてセットに。キッチンセンター（H70×W47×D32cm）¥13500／ボーネルンド ㉕ つり下げ式のテント。寝室や子供部屋に飾れば、スペシャルなアジトが完成。ヌメロ74 キャノビー シンプル サロー ¥15000／キイロイキ ㉖ 鮮やかな野菜の発色を再現した木製の野菜＆包丁セット。ボーネシェフ ベジタブル ¥4200／ボーネルンド ㉗ おもちゃの収納に。タイヤ付きで楽しくラクラクお片付け。ラジオフライヤー クラシック レッド ワゴン（オープン価格）／マリタイムトレーディング ㉘ 大好きな"かくれんぼ"が思いっきりできるテント。インテリアに合わせて木製フレームとシートカラーが選べる。キッズテント Tipi ¥38000／つくるおとうさん ㉙ 強化プラスティック製のキュートなランチボックスセットは、さっと洗えてお手入れ簡単。おでかけピクニックセット チキン＆サラダ ¥2400／ボーネルンド ㉚ 砂同士が砂鉄のようにくっついている不思議な質感。周りを汚しにくいから、室内でも砂遊びが可能。キネティックサンド ¥1800／ラングスジャパン ㉛ つかまり立ちができるようになったら手押し車で歩く練習。ベビーウォーカー・パステルカラー ¥13000／ボーネルンド ㉜ 木の質感が心地いいキッチンセット。コンパクトなので狭いスペースでも楽しめる。ノルベルト チャイルドキッチン流しつき（H45×W35.5×D34.5cm）¥41040／クレヨンハウス ㉝ 寒天でできたカラー粘土。ぷるぷるとした感触がこねているうちにのびやかな質感に変化。かんてんネンド studio 4色セット ¥1200／ボーネルンド ㉞ 石けんベースのしゃぼん玉だから、万が一口に入っても大丈夫。くまのシャボン玉 ¥778（税込）／クレヨンハウス ㉟ お寿司が木製のおもちゃに！ ネタとシャリがマグネットでくっつくので、にぎって遊べる。gg* SUSHI ¥6200／キイロイキ ㊱ キュートな仕掛けがいっぱい詰まったお風呂用のおもちゃ。ユーキッド あひるの噴水 ミュージカルレース ¥5500／ティーレックス ㊲ NY生まれの"グルービーガール"たちは、肌の色、髪の色、目の色がそれぞれ個性的。グルービーガール リリア 2014 ¥3000／ボーネルンド ㊳ 抱っこするとリアルな重みを感じる赤ちゃんドール。洋服の着せ替えなどのお世話をすることで、自立心を芽生えさせてくれる。お世話人形 ベビー・ステラ ¥4500／ボーネルンド

EMI SELECTS KID'S TOY

AREA MAP

エリア別お出かけMAP

子連れでも気兼ねなく楽しめる
お役立ちaddressが満載！

AREA 1 青山

おもちゃ屋さんや
雑貨屋さんも
充実のエリア

[1-A] Playspace
明治神宮外苑
にこにこパーク

小さい子供も気兼ねなく遊べる児童遊園。木々に囲まれた癒しの空間は都会にいることを忘れてしまうほど。遊具が充実していたり、地面が人工芝とゴムチップなので転んでも安心なのもうれしい。

東京都港区北青山1-7-5　Tel：03-3478-0550
Open：10:00～17:00（11月～2月は～16:30）※最終入園は30分前まで　不定休

[1-B] Select Shop
クレヨンハウス

絵本やおもちゃ、オーガニックの食材や雑貨などを取り扱うセレクトショップ。世界中から集めた絵本は随時4万冊と圧倒的な品揃え。ギフト探しにもおすすめ。

東京都港区北青山3-8-15　Tel：03-3406-6308
Open：11:00～19:00（1F～3F）（レストランは～23:00）　無休（年末年始をのぞく）　http://www.crayonhouse.co.jp/

[1-C] Kids Area
表参道ヒルズ
キッズの森

パパも一緒に入れる個室の授乳室やオムツ替えベッドなど、設備面も整っているので乳幼児ママも安心。子供たちが自由に楽しめる「森のライブラリー」は必見！

東京都渋谷区神宮前4-12-10　Tel：03-3497-0310
Open：11:00～21:00（日曜は～20:00）　無休（年3日休館日あり）　http://www.omotesandohills.com/kids-no-mori/

[1-D] Fashion
シュタイフ青山

ドイツ生まれの歴史あるテディベアブランド「シュタイフ」の旗艦店。ベビー小物やキッズが抱えやすい大きめサイズのぬいぐるみまで、豊富な品揃えが魅力。

東京都港区南青山3丁目13-24　Tel：03-3404-1880
Open：11:00～19:30　休：年末年始　http://www.steiff.co.jp/

[1-E] Playspace
おもはらの森

明治神宮前の交差点にある東急プラザ 表参道原宿。その屋上に広がるパブリックスペース「おもはらの森」。生い茂る樹木に囲まれてショッピングの息抜きを。

東京都渋谷区神宮前4-30-3東急プラザ 表参道原宿屋上　Tel：03-3497-0418　Open：8:30～23:00　無休
http://omohara.tokyu-plaza.com/

[1-F] Fashion
10 mois AOYAMA

店名の「10 mois」はフランス語で"10ヶ月"の意味。赤ちゃんとママ＆パパがおしゃれに育児の空間と時間をデザインできるアイテムが充実。

東京都港区南青山5-7-23 始弘ビル1F　Tel：03-6805-0805　Open：12:00～20:00（日祝は～19:00）　休：月曜（祝日の場合は翌日休）

[1-G] Living Shop
Flying Tiger
Copenhagen
表参道ストア

手の届きやすい価格でキュートな小物が揃うコペンハーゲン生まれの雑貨店。子供部屋の飾り付けやパーティのデコレーションなどに最適なアイテムが目白押し。

東京都渋谷区神宮前4-3-2　Tel：03-6804-5723
Open：11:00～20:00　不定休　http://www.flyingtiger.jp/

[1-H] Toy Store
キデイランド
原宿店

海外からも愛される、言わずと知れた日本のおもちゃ屋さんの代名詞。地下1階から4階まで人気キャラクターのアイテムがぎっしりと並ぶパラダイス！

東京都渋谷区神宮前6-1-9　Tel：03-3409-3431
Open：10:30～21:00（土日祝は11:00～）　不定休
http://www.kiddyland.co.jp/

[1-I] Living Shop
ZARA HOME

シャビーシックなムードで人気のZARA HOMEのインテリア雑貨。キッズや新生児のコレクションも豊富に揃う。友人ファミリーへのギフト探しにもオススメ！

東京都港区南青山5-1-22青山ライズスクエア1F　Tel：03-6418-5171　Open：10:30～20:00（日祝は～21:00）　無休　http://www.zarahome.com/jp/ja/

子供と一緒にアクティブに活動することも大切！

赤ちゃんとのお出かけはうれしい反面、不安や心配もいっぱい！ 私も初めはそうだったけど、外に出たほうが気分転換になるし、赤ちゃんにとってもいい刺激になるみたいで、お出かけした日はいつもより早く寝てくれる気がするよ（笑）。子連れだって買い物もしたい！ カフェも自分メンテも楽しみたい！ そんなママにうれしいお役立ちスポットを、エリア別にたっぷりとご紹介♪

AREA 2 代官山
おしゃれショップが軒を連ねるショッピングスポット

[2-A] Fashion&Cafe
BONTON DAIKANYAMA

フランス発のキッズブランド『BONTON』の日本初の旗艦店。子供服はもちろん、雑貨やインテリアも充実。本誌収録の今宿さんとの対談（P.54〜）は、併設された素敵なカフェで実施。
東京都渋谷区鉢山町13-16　Tel：03-3461-2788
Open：10:30〜19:30　不定休
http://www.melrose.co.jp/bonton/

[2-B] Fashion
MAISON DE REEFUR

梨花さんがディレクションするハウス型ショップ。新作の発売日には必ず行列ができる代官山の名スポット。ママとキッズの服を一緒にチェックできる！
東京都渋谷区猿楽町24-7 代官山プラザビル1F
Tel：0120-298-133（ジュンカスタマーセンター）
Open：11:00〜20:00　不定休
http://www.maisondereefur.com/

[2-C] Fashion
こども ビームス

作り手のこどもに対するあたたかな気持ちが感じられる、安全で感度の高いアイテムを国内外から厳選。ベビーカーがゆったりと通れる店内も嬉しいポイント。
東京都渋谷区猿楽町19-7　Tel：03-5428-4844
Open：10:00〜19:00　不定休
http://kodomobeams.jp/

[2-D] Book Store
代官山蔦屋書店

センスのいい洋書から子供の絵本、音楽にカフェが一堂に集結！ 日本で一番子供を連れて行きたい場所とウワサの『湘南T-SITE』も系列店。どちらも児童書が充実。
東京都渋谷区猿楽町17-5　Tel：03-3770-2525
Open：7:00(2Fは9:00)〜2:00　無休
http://tsite.jp/daikanyama/

[2-E] Fashion
ボンポワン ブティック 代官山本店

ラグジュアリーな子供服を探しているならまずここに！ 日本のファースト路面店ならではの豊富な品揃えとリッチな雰囲気が買い物気分を盛り上げる。
東京都渋谷区鉢山町14-7　Tel：03-5459-2218　Open：11:00〜19:00　不定休　www.bonpoint.jp

[2-F] Toy Store
ボーネルンド 代官山店

子供の健やかな成長につながる優れた名作遊具を世界中から厳選しているボーネルンド。その魅力をじっくりと伝える"あそびの博物館"のようなショップ。
東京都渋谷区猿楽町16-15 代官山Tサイト　Tel：03-6416-3680　Open：10:00〜20:00　無休
http://www.bornelund.co.jp/

[2-G] Fashion
Sweet Room 代官山

足を踏み入れた途端にお姫様気分を味わえる、ヨーロッパテイストの店内。オリジナルコレクションだけでなくインポートの洋服や小物もたくさん揃う。
東京都渋谷区猿楽町10-1 マンサード代官山2F　Tel：03-6416-4944　Open：11:00〜19:00　無休　http://e-sweetroom.com/

[2-H] Fashion
プチバトーブティック 代官山店

子供の肌着メーカーとしてフランスで誕生して以来、世代を越えて愛され続けるブランド。シンプルで丈夫なコレクションは贈り物としても必ず喜ばれる。
東京都渋谷区猿楽町29-18 ヒルサイドテラスB-2
Tel：03-5784-3570　Open：11:00〜19:00
不定休　http://www.petit-bateau.com/

[2-I] Fashion
Caramel baby&child

洗練されたシンプルでラグジュアリーなチルドレンウエアや、ホームウエアが揃う英国ブランドのショップ。自社ブランド以外のセレクトものも充実。
東京都渋谷区猿楽町29-10 ヒルサイドテラスC棟
Tel：03-5784-2345　Open：10:00〜18:00
無休　http://www.caramel-shop.co.uk/

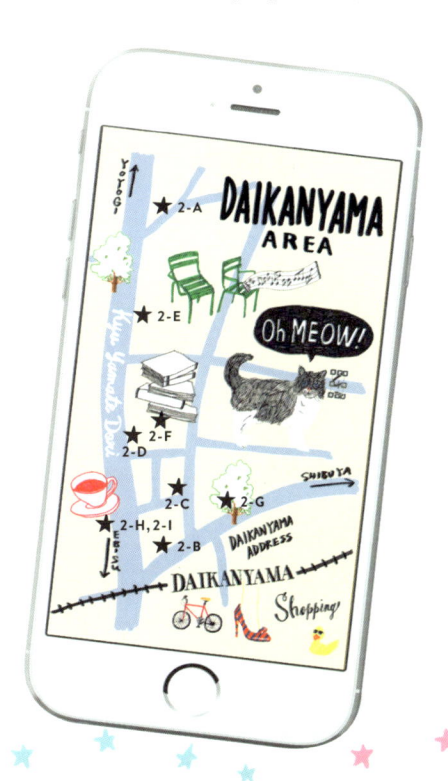

AREA MAP

AREA 3 二子玉川　ここ数年で急速に盛り上がる新ファミリータウン

[3-A] Cafe&Restaurant
FARMERS MARKET
ゆっくりとカフェ

地元で育った旬の野菜をふんだんに取り入れた料理が自慢の人気カフェ。親子で参加できるワークショップも開催しているので、チェックしてからお出かけを♪

東京都世田谷区鎌田3-18-8　Tel：03-6803-0090
Open：9:00〜20:30　休：月曜
http://farmersmarket-cafe.urdr.weblife.me/

[3-B] Kids Area
CIRSION
二子玉川店

平日15時まで、専任の託児所つきキッズスペース（首がすわった4ヶ月以上の子供が対象。要予約）が利用可能。ママは安心してまつエクやネイルができる。

東京都世田谷区玉川3-20-11-2F　Tel：03-3700-1900
Open：10:00〜20:00（土日祝は〜19:00）
無休（年末年始をのぞく）　http://www.cirsion.co.jp/

[3-C] Cafe&Restaurant
CHICHICAFE

多摩川という抜群のロケーションにナイスな音楽やあたたかみのある食器。すべてに癒しを感じることができる、隠れ家系カフェ。こだわり満載のフードメニューはどれも身体に優しい味。

東京都世田谷区玉川1-2-8　Tel：03-6411-7958
Open：11:00〜22:00　不定休
http://chichicafe.com/

[3-D] Cafe&Restaurant
「bills」二子玉川

"世界一の朝食"の異名をもつbillsが二子玉川エリアに進出。キッズメニュー（¥1300）は各3種類取り揃えたメイン、デザート、ドリンクから1つをチョイス。

東京都世田谷区玉川2-27-5 玉川髙島屋S・Cマロニエコート3F　Tel：03-3708-3377　Open：8:30〜22:00
不定休　http://bills-jp.net/　©Petrina Tinslay

[3-E] Restaurant
100本のスプーン
FUTAKOTAMAGAWA

新感覚のファミリーレストラン。「あれもこれも食べたい」を叶えるプレートや、大人と同じものを食べたい子どものためにほぼ全てハーフサイズも用意。

東京都世田谷区玉川1-14-1 二子玉川ライズS.C.テラスマーケット2F　Tel：03-6432-7033　Open：10:30〜23:00　不定休　http://100spoons.com/

[3-F] Select Shop
アクタス
二子玉川店

2015年春に「親子のためのライフスタイルショップ」をコンセプトに誕生。子供の学習机などキッズのファーストファニチャーに力をいれたセレクトが人気。

東京都世田谷区玉川1-14-1 二子玉川ライズS.C.テラスマーケット2F　Tel：03-5717-9191　Open：10:00〜21:00　不定休　http://www.actus-interior.com/

[3-G] Playspace
玉川髙島屋S・C

屋上に広がる屋上庭園は子供たちが自由に走り回れるように計算され設計。1年中青々とした天然芝が敷き詰められた丘で、思いっきりはしゃいで。

東京都世田谷区玉川3-17-1　Tel：03-3709-2222（代表）
Open：10:00〜21:00　休：元日
http://www.tamagawa-sc.com/

[3-H] Playspace
Medical Intelligent Trainingroom
ゆずキッズ

心と体の発達をサポートしてくれる、子供のためのトレーニング施設。メールで事前予約した人だけにスペースを提供しているので、子連れのママ会にも最適！

東京都世田谷区玉川1-15-6 二子玉川ライズプラザモール203　Open：10:00〜17:00　休：土日祝
yuzukids@yuzuki-ph.jp

[3-I] Living Shop
ロンハーマン
二子玉川店

数ある店舗の中でも独立型戸建てが特徴の全4フロアからなるショップ。最上階のカフェには広めのテラスがあり、天気のいい日にベビーカーで行くのが◎。

東京都世田谷区玉川4-1-25 玉川髙島屋S・Cアイビーズプレイス　Tel：03-3708-6839　Open：10:00〜21:00　不定休　http://ronherman.jp/store.php

Chapter 5 | Steps To A Kid

AREA 4 新宿

駅地下から
アクセスしやすく
雨の日は意外と便利！

[4-A] Hair Salon
ズッソ キッズ新宿店

イスもシャンプー台もすべてちびサイズ。カット中にアニメのDVDが観られるので、子供たちもリラックス。週末は混雑するので必ず予約を。散髪後には、となりのカフェ（http://townnote.jp/10256952）で使える子供用ドリンクチケットが無料でもらえる。

東京都渋谷区千駄ヶ谷5-24-2 新宿髙島屋9F　Tel：03-5361-1111（代表）　Open：10:00〜19:30（最終受付はパーマ15:30、カット18:30）　不定休　http://www.spice-mode.com/salon/zusso-kids-shinjuku.html

[4-B] Fashion
バーニーズ ニューヨーク新宿店

ベビーライオンのアイコンが可愛いオリジナルを中心にスタイリッシュなアイテムが勢ぞろい。なかでもキルティング素材のオリジナル母子手帳ケースは常に品薄状態。

東京都新宿区新宿3-18-5　Tel：0120-137-007（カスタマーセンター 11:00〜20:00）　Open：11:00〜20:00（金・土は〜20:30）　無休（元日をのぞく）　www.barneys.co.jp

[4-C] Fashion
リ・スタイル ベビー＆キッズ

レディスやメンズと連動した人気ブランドを中心に、ファッション性と限定性の高いベビー＆子供服が集結。ママとのリンクコーデも楽しめちゃう♪

東京都新宿区新宿3-14-1 伊勢丹新宿店本館6F　Tel：03-3352-1111（代表）　Open：10:30〜20:00　不定休　http://isetan.mistore.jp/store/shinjuku/index.html

[4-D] Kids Area
東京おもちゃ美術館

創る・学ぶ・楽しむことができる美術館。館内には木のぬくもりや香りを感じられる「赤ちゃん木育ひろば」があり、子連れファミリーで賑わう。

東京都新宿区四谷4-20 四谷ひろば内　Tel：03-5367-9601　Open：10:00〜16:00（入場は〜15:30）　休：木曜、2・9月に特別休館日あり　http://goodtoy.org/ttm/

[4-E] Playspace
小田急百貨店 新宿店

新宿駅から最も近い屋上庭園はここ。滑り台などの遊具もあり、コンパクトながら親しみやすい公園のような雰囲気。知る人ぞ知るキッズの遊び場スポット！

東京都新宿区西新宿1-1-3　Tel：03-3342-1111　Open：10:00〜20:30　不定休　http://www.odakyu-dept.co.jp/shinjuku/

[4-F] Cafe
ラッテチャノママ 伊勢丹新宿店

ベッドタイプのシートは、ハイハイや歩き始めのベビーがいるママの強い味方。離乳食メニューもあり、さらに離乳食の持ち込みもOKなので、赤ちゃんにとっては100点満点！

東京都新宿区新宿3-14-1 伊勢丹新宿店本館6F　Tel：03-5341-4417　Open：10:30〜20:00　無休　http://chano-mama.com/

[4-G] Fashion
H&M 新宿店

2015年の秋にフロアが一大リニューアルし、3階にはキッズ＆マタニティコーナーが誕生。肌にやさしいオーガニックコットンを使ったアイテムなどが充実。

東京都新宿区新宿3-5-4　Tel：03-5456-7070（H&Mカスタマーサービス）　Open：10:00〜22:00（金〜日は9:00〜）　不定休　https://www.hm.com/jp/

AREA MAP

PART.02

BEAUTIFUL MAMA TALK
EMI & MAYUMI

美しすぎるママトーク PART 2

えみがずっと話を聞いてみたかった
憧れの先輩ママモデル、佐田真由美さんと初対談！

photographer:Ryu Cakinuma (TRON)

毎日、二人の娘のお弁当を作っています

Emi：佐田さんには5歳と4歳になる（2014年・夏）お嬢さんがいるんですよね。今はどんなバランスでお仕事しているんですか？

Mayumi：今は子育てを中心に、仕事と両立させるスタンスをとらせてもらっているの。

Emi：お弁当とか作っているんですか？

Mayumi：毎日、作ってるよ。作るときは大量に作り置きするの。例えば、ミートソースもこ〜んな大きなお鍋で作って冷凍したりして（笑）。お弁当だけじゃなくて、忙しいときにもそれが活躍してくれるんだよね。えみちゃんの娘さんは今11ヶ月だっけ？いいなぁ、すごく可愛い時期だよね♡

Emi：今は「ママ、ママ」シーズンで。朝から晩まで私にベッタリ。本当に可愛くて仕方がない♡ でも、ときにそれが「大変!!」に変わる瞬間もあるんですよね（笑）

Mayumi：手が離せない時期だもんね。

Emi：佐田さんのお嬢さんは、11ヶ月ってどんな感じだったんですか？

Mayumi：それがね、大変だったことはあまり思い出せないの（笑）。上の子が言葉よりも先に歌を覚えて一緒にいろんな歌を歌った記憶とか、歯が生えた日のこととか……幸せな思い出はどんどん蘇ってくるんだけど。大変だった思い出はスポンと抜け落ちているんだよね。それを夫に伝えると「いやいや、すごく悩んでいたし、落ち込むこともあったし、八つ当たりもされましたよ」って言うんだけど記憶になくて（笑）。それもまた、生きていくうえでの回避能力なのかもしれないね。

社会から遮断されている気持ちに。それが一番大変だったかな

Emi：そんな佐田さんが「一番大変だったことは何ですか？」と尋ねられたら、なんて答えますか？

Mayumi：うちは子供が年子だったから。二人用のバギーを押しながら、買い物袋をぶら下げて、家の前の坂道を上がったり……そういう肉体的な辛さもあったけど（笑）。一番は"社会と遮断されているような気持ちになったこと"なのかな。私ね、一人目の子供を産んでから3年くらい仕事を休んでいたんですよ。子育て以外の何かをする余裕がなかったし、なんとなく自分の中に「上の子が3歳になるまでは自分でみたい」っていう思いがあったからなんだけど。仕事もしてない、遊びにも行けない、もちろん飲みにだって行けない。でも、世の中はどんどん動いていて……それが怖かったし、苦しかったかな。

そういう意味では、私ね、世間の専業主婦のママ達をすごく尊敬しているの。

Emi：精神的にきっとハードですよね。

Mayumi：私達はある意味、仕事という逃げ場が外にあるけど、それがないって本当に大変。だからこそ、専業主婦のママ友達の話を聞くたびに「かなわないな」って感じるんだよね。

子供の成長は本当にあっという間。だからこそ"今"を思い切り味わって

Emi：先輩ママである佐田さんはきっと、私よりも多くの"子育ての壁"を経験してきたと思うんです。その壁はどうやって乗り越えましたか？

Mayumi：えみちゃんも感じていると思うけど、子供って本当に日々成長していくし、めまぐるしく変化していく。それを見ていると、それこそあっという間に時間が過ぎていくでしょ？

Emi：それは本当に感じます。

Mayumi：子供の成長を感じるたびに思うの。あと何年かしたら「私の部屋に勝手に入らないで」とか言われてしまう時期がくるんだろうな、って。手がかかる時期は母親にとっては"黄金タイム"なんだよね。それを考えると「いいことも悪いことも全部

Chapter 5 | Steps To A Kid

ちゃんと味わおう」って頑張れるというか。
Emi：佐田さんの5年もあっという間でしたか？
Mayumi：まばたきしたら5年経っていたって感じ（笑）。またね、子供も幼稚園に入ると本当に性格が変わるの。社会の中で人格が育っていっているんだと思うんだけど。それは見ていてすごく面白い反面、母親としてはちょっと寂しく感じるときもあって。「昔のちっちゃなあの子はどこに行っちゃったんだろう」って。
Emi：私も思い切り"今"を味わいます!!

大切にしているのは
明るく楽しい母親でいること

Emi：ちなみに、佐田さんが子育てをするうえで大切にしていることってなんでしょうか？
Mayumi：子育てに関しては本当に「させていただいています」って思うくらい、子供から教えてもらうことのほうが多いんだよね。そんな中で自分が大切にしているのは……楽しく明るい母親でいることなのかな。母親が落ち込んでいたら家庭は暗くなるし、母親が元気だったら明るくなる……母親って家庭の肝じゃない？　だからこそ、子供達の前ではそうありたいっていうか。夫婦喧嘩も子供の前では絶対にしない。子供が寝てから持ち込むようにしているんだけど……うっかり忘れちゃうことも多いんだよねぇ（笑）

子供のしつけで大切なのは
根気よく教え続けること

Emi：聞きたい質問が山ほどあるんですけど。まずそのひとつが"子供の叱り方"について。何歳になったら「いけないよ」と教え始めるのか、それはどんな教え方をしたらいいのか……。
Mayumi：しつけのスタートでしょう？それは私も悩みました。そこで参考にしたのが"良いことも悪いこともたくさんして、母親がどんな顔をするのか、どこまで許さ

れるのか、2歳くらいまで子供はずっと研究している"という話。ならば「どんどん研究してください」ってウェルカム状態で受け入れたの。ただ、危ないことをしたときだけは本気で叱った。命に関わることを"シッカリ叱るお母さん"と"叱らないお母さん"だと、その後の事故の発生率が全然違うって聞いたから。例えば落書きはいいけど、コンセントで遊んだら叱る。それが2歳までの私の教育方針だったかな。
Emi：子供が大きくなって外に出ると、ママと子供の問題だけではなく、公共のマナーとしての問題も出てきますよね。"走り回っちゃいけない"とか"椅子の上に立っちゃいけない"とか……そういうしつけはどうしていますか？
Mayumi：それはシッカリやりました。なぜかというと、私自身がそういうことをあまり教わらずに自由に育ってしまったから。社会に出てから本当に困ったんだよね。そんな経験から、しつけは子供自身の財産なんだなって。その財産を親である私がちゃんと残してあげなきゃなって思ったの。
Emi：具体的にはどんなことをしているんですか？
Mayumi：いけないことをしたときは、その場で「これはこうだからやっちゃいけないんだよ」って、とにかく根気強く教え続ける。これって簡単そうに見えて実はすごく難しくて。バタバタしているときは後回しにしてしまいそうになるし、子供がなかなか覚えてくれないと諦めそうにもなるんだけど……。それでも徹底して続けていると、ある日、気付くとちゃんとできるようになっていたりするんだよね。"継続は力なり"は本当だよ、えみちゃん!!

思い切り遊ばせて、
早く寝てもらう!!

Mayumi：お姉ちゃんが大きくなってからは妹の面倒を見てくれるようになって。最初の頃は「子供を二人は大変!!」って思っていたけど、最近は「それがラクになる時期もくるんだな」ってことに気付かされる日々。二人とも赤ちゃんだと思っていたら、こんな瞬間がおとずれるんだから……子供って本当に面白いよね。
Emi：うちの娘はどんなふうに成長するんだろう♡　ちなみに、佐田さんは忙しい毎日の中で"自分の時間"を作るために心掛けていることってありますか？
Mayumi：ラクになったといっても"自分の時間"が持てるのは子供が寝た後くらいなんだよね。だからこそ、思い切り遊ばせて、思い切り疲れてもらって、早く寝てもらう!!でも、一緒に遊ぶと自分も疲れちゃうから。気付いたら寝かしつけているうちに自分もぐっすり寝ていることが多い（笑）
Emi：それ、よくわかります（笑）

PROFILE　さだ まゆみ
1977年8月23日生まれ。人気モデルとして、女優として、アクセサリーブランド『Enasoluna』のディレクターとして幅広く活躍。2008年に結婚。二児の母親でもある。

MESSAGE TO MAYUMI
たくさんのことを教えてくれた佐田さんは美しくて優しくて本当に素敵な先輩ママ!!　子育ての壁にぶつかったときはまた相談させてください!!これからもどうぞよろしくお願いします♡

EMI'S MAMA FRIENDS

えみのママ友 FILE
よき相談相手でもあるママ友のあれこれに接近！

黒木なつみさん
モデル／「Yupendi」デザイナー

MESSAGE FOR OTHER MAMA
乳幼児期の1年間は成長もめまぐるしいし、本当にあっという間。大変だけど"二度と戻らない大切な時間"だと思って、楽しんだほうがいいと思う！

NATSUMI'S DAILY ROUTINE　美人ママのとある一日

7:00 AM　起床。朝食後、洗濯。スーパーへ買い物
家事はなるべく午前中に済ませるようにしています。その間、娘はTVで大好きな「いないいないばあっ！」を見てゴキゲン♪

11:00 AM　昼食。その後、お昼寝
外出から戻ったら急いでご飯をつくってランチタイム。最近娘が本当によく食べるようになったから大変なんです（笑）。

1:00 PM　晴れていたら公園へ、雨の日は児童館へ
お昼寝でたっぷり充電させたら再度、外へGO。活発な娘と遊ぶときは、動きやすいぺたんこシューズがマスト！

4:00 PM　帰宅。お風呂タイム。夕飯の準備

5:30 PM　夕飯
夕飯は子供用プレートに少しずつ並べて。ひとりではまだ上手に食べられないので、私が横でお手伝いしているよ。

8:00 PM　子供と遊ぶ
旦那さん帰宅後は家族3人で過ごす貴重な時間。絵本を読み聞かせしたり、1時間くらい一緒に遊びます。

9:00 PM　BABY就寝
娘が寝た後は自分のリラックスタイム♪　TVを見たり、雑誌を読んだり。洋服のデザインを考えることも！

TRIPさん　アーティスト／デザイナー

FROM EMI
TRIPとは以前から仲が良くて、お互いが近いタイミングで妊娠、出産してからはさらに仲良くなりました！　今は家族ぐるみでの付き合いで、よく子連れランチしたり、一緒に児童館に行ったりしています。ハッピーファミリーにいつも元気をもらっています♡

1. 離乳食
離乳食時期に便利だったのは100均で購入した製氷皿！　お粥や下ごしらえした野菜を入れて冷凍保存して、1コずつ解凍して使えるので愛用していました。

2. 寝かしつけ
娘の寝かしつけに欠かせないのが、フランス語のスリーピング。YouTubeで聴かせています。心地よいテンポが眠りを誘うようで私までウトウトしてしまうことも。

3. 子供のケアグッズ
夏場の外出やアウトドアには、『PERFECT POTION アウトドア ボディスプレー』（左）がマスト。ハーブの香りが虫除けになるので体には無害。『WELINA ORGANICS』の『KIS for Town』（右）は子供にも安心のノンケミカルの日焼け止め。

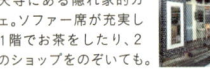

4. 上手な息抜きの仕方　RELAX TIME
ママ友と積極的に集まって、情報交換する！　あとは、近所に住む祖父母に子供を預かってもらい、旦那さんと二人でデートに行くのもすごくリフレッシュになります。

5. 子連れスポット
祐天寺にある隠れ家的カフェ。ソファー席が充実した1階でお茶をしたり、2階のショップをのぞいても。
toile de liberte
東京都目黒区中町2-1-1
Tel：03-5708-5931
Open：10:00〜18:00
休：日曜・祝日（不定休あり）

6. 海外旅行
機内持ち込みに欠かせないのが『AUS Banz』のベビーヘッドフォン。少し音の大きい場所でも、このヘッドフォンがあればストレスなく過ごせているようでした。また、旅行へはいつも使っている大きめのタオルを持って行くと、安心して眠れるみたいです。

斉藤くみさん　スタイリスト

FROM EMI
仕事でもよくお世話になっているくみちゃんは、スーパーパワフルで大好きなスタイリストさん！　趣味も合うから、ベビーグッズや子育て情報は、会うたびにたくさん教えてもらっています。私の子育ての先生と言っても過言ではないくらい、いつも頼りっぱなしです♡（笑）

1. 離乳食
家庭でも手軽に本格的なだしがとれる『茅乃舎』の減塩だし。化学調味料や保存料を使用していないので、小さな子供にも安心して与えることができます。使いやすいパックタイプなのもうれしい。

2. 寝かしつけ
我が家の寝かしつけに欠かせないのは、肌触りのいい『カシウエア』のベビーブランケットと『ボンポワン×マンハッタントイ』のぬいぐるみ。毎日一緒のおふとんで眠るほどお気に入り♡

3. 子供のケアグッズ　BABY CARE GOODS
子供の肌に直接触れるものはなるべく負担のないものを選んでいます。愛用しているのは生後6ヶ月から使える『エルバビーバ』の日焼け止め。ほんのりアロマの香りも癒しに。

4. 妊娠中に便利だったもの
妊娠中に購入してよかったのは『Sleep spa』の寝具。凹凸になった構造がバランスよく体重を分散してくれるから、体が安定して、ストレスフリーな寝心地に。妊婦さんは睡眠が大事。質のいい眠りには、実は寝具がとても重要だということに気づきました。

5. 子連れスポット
表参道駅から徒歩1分圏内という好アクセスはもちろん、海外リゾートのようなムードも楽しい。
CICADA
東京都港区南青山5-7-28
Tel：03-6434-1255　Open：11:30〜16:00（15:00 LO）17:30〜25:00（23:00 LO）休：年始

6. お誕生日会
娘の1歳の誕生日会を軽い気持ちで企画したつもりが、職業病が出てしまい、もはや仕事の領域（笑）。寝かしつけてからAmazonで夜な夜なポチポチ。おかげで自分で言うのもなんですが、めちゃくちゃ可愛くてハッピーな空間になりました！

Chapter 5 | Steps To A Kid

Chapter 6

Happy Family Life

〈家族のくらし〉

日に日に育つ娘と30歳になった自分。
未来のゆくえは…?

1 STOP BREASTFEEDING
断乳のハナシ 〜さよならおっぱい〜

2 PETS & BABY LIVING TOGETHER
ペットとベビちぃの共同生活

3 STROLLERS & BICYCLES
ベビーカー&ママチャリ比較

4 GO! GO! LET'S PLAY
家族で行きたいお出かけスポット

5 THE AGE OF 30
30歳を迎えてえみが想うこと

STOP BREASTFEEDING

断乳のハナシ〜さよならおっぱい〜

成長の証だけど、ベビーもママもハードで寂しい断乳。その奮闘記の一部始終。

何気ないパパの一言で突然だったけど断乳スタート！

1歳7ヶ月になったベビちぃ。そろそろ卒乳が理想だけど、飲み放題＆添い乳・添い寝だから、そんな気配はまったくナシ。まぁ2歳くらいまではいいかな〜と思いつつ、お互いやめるタイミングがわからなくなっても…と思っていたら！　ちょうど母の日の夜、パパが「そろそろパイとバイバイしたらー？」と発言。すると、ベビちぃが「…バイバイ！」と手を振ったのです。このままさようならできる？してみちゃう!?と突如断乳を決行！

DAY 1

眠り方がわからずシクシク……泣

普段は添い乳で20:30頃に眠るベビちぃ。この日はおっぱいがないので、寝るモードになれずベッドでひたすら遊ぶ。最後は泣きながら、22:00頃に力尽きてやっと就寝。でも24:00までに3回も起きては泣いてまた寝る、の繰り返し。そこから朝7:00までは起きず。

DAY 2

おっぱいの張りもMAX！親子で号泣の夜

普段より甘えん坊モード。何回か「パイ」と言われるも、上手く注意をそらす。私のおっぱいの張りもスゴイことに。夜は20:15に寝室へ。私の胸の上にうつ伏せで乗っかって号泣。岩のようになった胸が押されて激痛が走り、私も号泣！　30分泣き続け、寝落ち。

Chapter 6 | Happy Family Life

GO TO THE NEXT STAGE

DAY 3

**食欲モリモリ♡
朝食で「おいしー!」を連発**

起きるなり「ごはん!」と叫ぶ。母乳を飲まないとお腹が空くみたい。朝ごはんをモリモリ! おっぱいの痛みも少しひき、搾乳せずに我慢。下着は締め付けの少ないユニクロのカップインのタンクトップで。21:00就寝。抱っこトントンで泣かずに寝られた!

Hop

DAY 4

**突然の「パイ!」発言。
油断すると戻っちゃう…**

この日もベビちぃの食欲が止まらず、3食モリモリ。夕方仕事から帰宅すると、私の顔を見るなり「パイ!!」とひと言。まだパイのこと忘れてはいないんだね…。なんとなくスルーしながら、夕ごはんを食べてごまかす。夜は前日と同じスタイルで無事就寝。

Step

DAY 5

**桶谷式で
おっぱいケア!**

ベビちぃはいつもより早い5:30に起床。この日私は桶谷式という乳房マッサージの母乳ケアを受けました。乳腺の詰まりは特にナシとのこと。正しい搾り方をきっちり教わり、8時間置きの搾乳を指導されました。1週間後に次の予約を取り、帰宅。

**予想以上にハードだった
断乳デイズ…**

号泣するベビちぃを見て何度も心が折れそうになったけど、ここで失敗すると親子共にツラい思いを2度することになる!と強い意志を持って耐えました。私は急にスタートさせちゃったけど、時間にもキモチにも余裕のあるときに始めてください…。パパの協力も大事♡

DAY 6~8

**段々と「パイ!」と
ぐずらなくなる。エラい!!**

桶谷式の効果か6日目にしておっぱいの張りが治まる。ベビちぃを刺激しないため裸を見せないようにしていたけど、8日目は一緒に入浴。しれっと飲もうとしたが、しれっとかわす。まだ忘れてはいないけど嫌なことがあっても「パイ!」と叫ばなくなった。

DAY 9~10

**授乳中の抜け毛が
ストップ!**

ずっと続いていた抜け毛が、この日を境に治まった気がする!ベビちぃはおっぱいという安定剤がなくなり、不機嫌になると爆発することも…。夜中に寝ぼけておっぱいを飲まれそうになることもあり、胸の開きが広いパジャマはまだ危険。でもよく頑張ったね!

授乳・断乳後のバストケアに。レビュスト エパヌイッサン 50ml、レビュスト フォルムテ 50g 各¥7000/クラランス

Jump!

STOP BREASTFEEDING

PETS & BABY LIVING TOGETHER

ペットとベビちぃの共同生活

我が家にはベビちぃがやってくる前から4匹の同居人がいます。彼らとの共同ライフはというと…。

EMI'S PETS&BABY

ごく自然になじんだペットとベビちぃ

ベンガルのBebiとマンチカンのDanyo、ミニチュアダックスフンドのキラリとミニチュアシュナウザーのクロム。4匹の動物と一緒に暮らす私のもとにはよくこんな質問が届きます。「ペットはヤキモチを焼いていませんか？」「赤ちゃんのことを傷つけたりしませんか？」「共同生活で気をつけていることはありますか？」
生まれたばかりの娘が家にやってきたとき、猫たちとクロムが「何か来たぞ」と遠くから不思議そうに眺めるなか、唯一、娘に近付いてきたのはキラリでした。彼女は猫たちがやってきたときも自分のお乳をあげようとしたほど母性の強い女の子で。そのとき同様、最初の一週間はまるで自分の子供を守るように、ピッタリと娘に寄り添っていたの。

PART OF LEARNING PROCESS

怒られるのも"勉強"のひとつ

やがて娘が動きまわるようになってからは、"怪獣"にペットたちが追いかけられては逃げ惑う日々に…（笑）。
一度だけ、Bebiにパンチされたことがあるんです。ケガはしなかったけどよっぽどビックリしたのか、それはもう大きな声で泣きました。それもまた「勉強」のひとつ。私はあまり神経質にならないようにしています。もちろん、娘とペットたちが遊んでいるときは目を離さないようにしているし、ストレスをためないようにペットたちの"逃げ場"もちゃんと用意するように気をつけているけれどね。

THEY ARE ALL MY FAMILY

ペットも私の大切な家族

今まで全員で一緒に寝ていたベッドを新入り娘さんに奪われて、最初はみんな寂しそうだった。今でも、娘がいないときはここぞとばかりにくっついてくる。"ヤキモチ"はきっと感じていると思う。でもね、「別々に暮らす」という選択肢は私の中にはなかったの。だって、ペットも私の大切な"家族"だから。互いにとってのベストを模索しながら、今もこれからも一緒に暮らしていきたいな。

PETS & BABY LIVING TOGETHER

STROLLERS & BICYCLES

	A TYPE STROLLER 1	A TYPE STROLLER 2	A TYPE STROLLER 3	B TYPE STROLLER 4	B TYPE STROLLER 5
	ストッケ スクート^2 （ブラックメラーンジ）	スティック	エアバギー ココ ブレーキモデル （LILYPINK）	ベビーゼン ヨーヨー フォープラス	クイニー ジャズ
PRICE	￥74000 ストッケ	￥48600 アップリカ・チルドレンズ プロダクツ	￥55000 GMPインターナショナル	￥63000 ティーレックス	オープン価格 GMPインターナショナル
SIZE	幅×奥行き×高さ 使用時 55×75×111cm 折りたたみ時 55×72×32cm	幅×奥行き×高さ 使用時 47.2×81.5×106.5cm 折りたたみ時 36×29×105.5cm	幅×奥行き×高さ 使用時 53.5×96×104.5cm 折りたたみ時 53.5×40×82cm	幅×奥行き×高さ 使用時 44×86×106cm 折りたたみ時 44×18×52cm	幅×奥行き×高さ 使用時 56×75×105.5cm 折りたたみ時 27×68.5×23.5cm
AGE / BATTERY	1ヶ月から 体重15kg以下まで	1ヶ月から36ヶ月まで (体重15kg以下)	生後3ヶ月以降 (首がすわってから)	4ヶ月〜36ヶ月まで (体重15kg以下)	6ヶ月以降
WEIGHT	12.8kg	5.7kg	9.5kg (フル装備重量6.1kg)	5.8kg	4.9kg
TYPE	ハイシートなうえ、対面式と背面式の両方が使え、折りたたむこともOK。ベビーの成長に合わせて使えるようにデザインされているので、生後1ヶ月〜15kgまで長く使える。バージョンアップしてさらに使いやすく。	座面位置の高い"ハイシート"を採用した人気モデルの最新版。赤ちゃんを抱っこしたままでも開閉しスリムに自立。フルカバーのシェードが日差しや紫外線からベビーをガードしてくれる。	安全性の高いハンドブレーキを搭載したハイスペックモデルながら、狭い駅の改札もラクラク通り抜けできるコンパクトサイズ。洗練されたブラックフレームで実はパパにもファンが多い！	シートはゆったり大きめながら、折りたたむとしっかり自立して安定し、超コンパクトなサイズに。ショルダーバッグのように肩がけできる専用ストラップ付き。機内持ち込みもOKなサイズなので家族旅行にもオススメ。	新素材の強化プラスチックを採用し、頑丈さと軽さの両方を実現。更に高精度ホイールによりスムーズな走行が可能に。シートは防汚・防水仕様なので汚れても安心。華奢な見た目とは裏腹なハイスペックなベビーカー。

快適なベビーカーでお散歩をより楽しく！

ベビーカー選びって、ママと赤ちゃんの移動手段によって大きく変わる気がしない？　たとえば、電車やバス移動が多いママなら、赤ちゃんを抱っこしたままバギーの開閉ができる軽量タイプがベスト。折りたたんだときに自立するタイプだと車内で邪魔にならないから便利です。逆に車移動が多くて、スイスイ軽快な走りを楽しみたいなら、タイヤがしっかりしていて安定感のある海外ブランドを。カラバリも豊富で、旦那さんが押しても違和感がないほど、スタイリッシュなデザインが揃っているの。お気に入りのベビーカーを見つけたら、きっとお出かけがもっとハッピーになるはず！

ベビーカー&ママチャリ比較

ベビーとのお出かけにマストな2大アイテムは、自分のライフスタイルに合ったものを選ぼう！

B TYPE STROLLER 6	BICYCLE 1	BICYCLE 2	BICYCLE 3	BICYCLE 4
マイクラライト トゥーフォールド	エアロアシスタント angee +LⅡ	ビッケ ツーイー	パナソニック ギュット・アニーズ	パス キッズ ミニ エックスエル
￥88000 ダッドウェイ	￥128000 ※チャイルドシートは別売り 株式会社 東部	￥136944 ※コーディネートパーツは別売り (本体希望小売価格) ブリヂストンサイクル株式会社	￥129000 (本体希望小売価格) パナソニックサイクルテック 株式会社	￥136000 (本体希望小売価格) ヤマハ発動機株式会社
幅×奥行き×高さ 使用時 62×95×120cm 折りたたみ時 48×39×101cm	全長150cm	全長176.5cm	全長181cm	全長180cm
7ヶ月以降	6.6Ah	8.7Ah	8.0Ah	12.8Ah
10.88kg	22kg	33.6kg	32.4kg	33.8kg
大きな後輪と振動を吸収するサスペンション付きの前輪で、走行時のベビーの負担を軽減。シートはワンタッチで2段階のリクライニングが。標準装備のライダーボードを開くと子供が立ち乗りすることもでき、長く使える。	すっきりとしたスタイリッシュなデザインなのは、モーターを後輪部分にコンパクトに設置しているから。低床なので乗り降りも簡単で、忙しいママの味方。ホワイトのほか、レッド、マットブラックの3色展開。	2012年のグッドデザイン賞を受賞した、ビッケシリーズの最新モデル。ユニセックスな北欧風の車体カラーには、カラフルなパーツでアレンジするのも楽しい。	誰もマネできないワタシでいく。がキャッチコピーの"攻める"電動アシスト自転車。最新モデルはスタイリッシュなデザインや迷彩柄のチャイルドシートがおしゃれ。軽快な走りや抜群の収納力で活動的なママをサポート。	大容量バッテリー搭載の長距離モデル。フロントチャイルドシート標準装備で、ハンドルの操作性も良く、運転していて安心感がある。足つきも良く、3人乗りでも安定感バッチリ。

ママチャリ購入の決め手はやっぱり子供の成長！

車や自転車で走っているときはなんてことない緩やかな坂道でも、ベビーカーに子供、プラス荷物を乗せて歩くのって、思った以上にハードなもの！　特に子供の体重が15kgを越えるとママの体力的にもキツイよね。私の場合は、抱っこ紐からベビーカーに移行中だけど、これに限界を感じたらママチャリを買うつもり。電動で乗り心地がよくて、おしゃれで…そんな欲張りなオーダーもぜんぶ叶えたい！

STROLLERS & BICYCLES

GO! GO! LET'S PLAY

家族で行きたいおでかけスポット

いっぱい遊んで、いっぱい吸収して！
エネルギー溢れるキッズとたくさんの思い出作りを。

SPOT 1　**ZOO & AQUARIUM**　動物園＆水族館

生物たちとふれあいながら、知的好奇心も満たすパラダイス！

上野動物園
都内で唯一パンダに会える♡

約400種、3000点の動物を飼育する都内最大級の動物園。ガイドツアーなども充実していて、動物の不思議や生態についてたくさん学べる。

東京都台東区上野公園9-83　Tel：03-3828-5171　Open：9:30〜17:00（入園は〜16:00）　休：月曜・年末年始　料金：一般￥600・小学生以下無料　http://www.tokyo-zoo.net/zoo/ueno/

エプソン アクアパーク品川
水族館と光のコラボが作る幻想的な世界

さまざまな海の生きものたちが、最新鋭の光と映像と音とコラボレート。360度パノラマで観られるドルフィンパフォーマンスも必見。

東京都港区高輪4-10-30（品川プリンスホテル内）　Tel：03-5421-1111　Open：10:00〜22:00（季節により異なる）　無休　料金：大人￥2200・小中学生￥1200・幼児￥700　http://aqua-park.jp

よこはま動物園ズーラシア

オカピやクロサイなど絶滅の危機に瀕する動物など、園内110種と出会える。飼育係がより詳しく動物について語るイベントなども多数。

神奈川県横浜市旭区上白根町1175-1　Tel：045-959-1000　Open：9:30〜16:30　休：火曜（祝日の場合は翌日振替）　料金：大人￥800・高校生￥300・小中学生￥200・小学生未満無料　http://www2.zoorasia.org/

サンシャイン水族館

アシカやペンギンの多種多様なイベントや癒し系の水槽など、大人も子供も楽しめる工夫が。パーキングの充実などアクセス至便も魅力。

東京都豊島区東池袋3-1 ワールドインポートマートビル・屋上　Tel：03-3989-3466　Open：10:00〜20:00（11/1〜3/31は〜18:00）　無休　料金：大人（高校生以上）￥2000・こども（小中学生）￥1000・幼児（4才以上）￥700　http://www.sunshinecity.co.jp/

すみだ水族館

アーティストとの共同企画や、体験プログラムなど参加型の企画が豊富な新感覚水族館。足を運ぶたびに新しい発見がある！

東京都墨田区押上1-1-2 東京スカイツリータウン ソラマチ5F・6F　Tel：03-5619-1821　Open：9:00〜21:00　無休　料金：大人￥2050・高校生￥1500・小中学生￥1000・幼児（3才以上）￥600　http://www.sumida-aquarium.com/

井の頭自然文化園

ニホンリスを間近に観察できるリスの小径やモルモットふれあいコーナーが人気。水生物園ではカモやツル、サギなどの水鳥が充実。

東京都武蔵野市御殿山1-17-6　Tel：0422-46-1100　Open：9:30〜17:00　休：月曜・年末年始　料金：大人￥400・中学生￥150　http://www.tokyo-zoo.net/zoo/ino/

羽村市動物公園

コンパクトな園内に個性豊かな動物が集うアットホームな動物園。人気者は木登り姿が可愛いレッサーパンダや後ろ足で立つミーアキャット。

東京都羽村市羽4122　Tel：042-579-4041　Open：9:00〜16:30（11月〜2月は〜16:00）　休：月曜・年末年始　料金：大人￥300・子供￥50　http://www.t-net.ne.jp/~hamu-z/

こども動物園

園内には放し飼いにされたヤギや羊が。直接触れたりエサやりをしたりすることも可能。ポニーの乗馬体験、モルモットの抱っこコーナーも。

東京都板橋区板橋3-50-1　Tel：03-3963-8003　Open：10:00〜16:30（12月〜2月は〜16:00）　休：月曜（祝日の場合は直後の平日）　料金：無料　http://www.city.itabashi.tokyo.jp/c_kurashi/000/000168.html

碑文谷公園

注目は園内のポニー。触れたり、乗ったりできる引き馬体験（￥200）や、うさぎやモルモットとふれあえるふれあい広場もあり。

東京都目黒区碑文谷6-9-11　Tel：03-5722-9242（みどりと公園課）、03-3714-1548（こども動物広場）　https://www.city.meguro.tokyo.jp/shisetsu/shisetsu_koen/himonya.html

新江ノ島水族館

イルカやアシカのダイナミックなショーのみならず、湘南の海に沈む夕陽を眺められるオーシャンデッキなど、絶景スポットが多い。

神奈川県藤沢市片瀬海岸2-19-1　Tel：0466-29-9960　Open：9:00〜17:00（季節により異なる）　無休　料金：大人￥2100・高校生￥1500・小中学生￥1000・幼児（3才以上）￥600　http://www.enosui.com/

東京都多摩動物公園

なるべく野生に近い状態で飼育しているから動物たちの自由気ままな姿が観られる。オランウータンのスカイウォークも必見！

東京都日野市程久保7-1-1　Tel：042-591-1611　Open：9:30〜17:00（入園は〜16:00）　休：水曜　料金：一般￥600・中学生￥200・小学生以下無料　https://www.tokyo-zoo.net/zoo/tama/

東京タワー水族館

1978年に開業した歴史ある水族館。都会の真ん中にありながら約900種類、5万匹もの珍しい魚が揃う。それぞれの生息地域ごとに展示。

東京都港区芝公園4-2-8　Tel：03-3433-5111　Open：10:30〜18:30（11/16〜3/15は〜17:30）　無休　料金：大人￥1080・小中学生￥600（大人料金で3才以下の1名無料）　http://www.suizokukan.net/

東京都葛西臨海水族園

地上30.7メートルもあるガラスドームでおなじみ。国内最大級のペンギン展示場では、ペンギンの動きを水・陸両方から観察できる。

東京都江戸川区臨海町6-2-3　Tel：03-3869-5152　Open：9:30〜17:00　休：水曜　料金：一般￥700・中学生￥250・小学生以下・都内在住在学の中学生は無料　http://www.tokyo-zoo.net/zoo/kasai/

SAY CHEESE

Chapter 6 | Happy Family Life

LET'S PLAY TOGETHER

SPOT 2

PARK & PLAZA
外遊び

バラエティに富んだ遊具で
思い切り体を動かして！

RELAXING IN THE PARK

大島小松川公園
大人も子供も楽しめる総合レクリエーションパーク
船をイメージした人気の遊具があるアスレチック広場から、サッカーや野球、テニスのコート、バーベキュー場まで、充実の内容。
東京都江東区大島9　Tel：03-3636-9365
http://tokyo-eastpark.com/modules/Top_Ojima/

フィールドアスレチック　横浜つくし野コース
ワイルドな遊具でターザン気分を満喫
滑車ロープやいかだでの川渡りで気分はターザン！　雑木林の中にはりめぐらされたバラエティ豊富な木製遊具でとことん遊んで。
神奈川県横浜市緑区長津田4191　Tel：045-983-9254　Open：9:00〜17:00　無休　料金：大人￥800・中高生￥700・小学生＆3才以上の幼児￥500・3才未満は無料　http://www.tsukushino.co.jp/

横浜・八景島シーパラダイス
異なる4つの水族館とさまざまなアトラクションが楽しめる海のエンターテインメン島。海の動物たちのショーやふれあいプログラム、魚釣りなどもオススメ。
神奈川県横浜市金沢区八景島　Tel：045-788-8888
Open：（季節や施設により異なる）　無休　料金：（ワンデーパス）大人（高校生以上）￥5050・小中学生￥3600・幼児（4才以上）￥2050　http://www.seaparadise.co.jp

こどもの森（国営昭和記念公園内）
国営昭和記念公園内にあるこどもの森は、いろんな秘密が隠されている遊具がたくさん。一番人気は「雲の海」という名の巨大トランポリン。
東京都立川市緑町3173　Tel：042-528-1751　Open：9:30〜16:30（年末年始・2月の第4月曜とその翌日）　料金：大人（15才以上）￥410・小中学生￥80・小学生以下は無料　http://www.showakinen-koen.jp/

ふなばしアンデルセン公園
「ワンパク王国」「メルヘンの丘」「自然体験」など目的に合わせてゾーン分けされているので、子供の好みに合った遊びが楽しめる。
千葉県船橋市金堀525　Tel：047-457-6627　Open：9:30〜16:00（月曜日、春・夏・冬休みは開園）　料金：一般￥900・高校生￥600・小中学生￥200・幼児（4才以上）￥100　http://www.park-funabashi.or.jp/and/

東武動物公園
人気のホワイトタイガーをはじめ、約120種類の動物たちが生息。オットセイショーやエサやりも楽しめる。
埼玉県南埼玉郡宮代町須賀110　Tel：0480-93-1200
Open：（季節により異なる）　不定休　料金：大人（中学生以上）￥1700・子供（3才以上）￥700　http://www.tobuzoo.com

上千葉砂原公園
公園内には水浴び場や実物の機関車の展示が。補助付き自転車や足踏み式ゴーカート、三輪車、豆自動車といった交通遊具の貸し出しも無料。
東京都葛飾区西亀有1-27-1　Tel：03-3604-2610（交通公園事務所）　休：施設により異なる（葛飾区HPを参照）　http://www.city.katsushika.lg.jp/2883/003173.html

北沼公園
注目は月面のように地球の6分の1の重力体験ができるというムーンウォーカー（身長・体重の制限あり、無料）。詳細は葛飾区HPを参照。
東京都葛飾区奥戸8-17-1　Tel：03-3694-4318（交通公園事務所）　休：12月29日〜1月3日　http://www.city.katsushika.lg.jp/2883/003172.html

鴨川シーワールド
自然の環境を再現した展示や、野生動物の保護活動など、観て、楽しんで、さらに学べる水族館。イルカトレーナーの職業体験プランも！
千葉県鴨川市東町1464-18　Tel：04-7093-4803
Open：9:00〜17:00（季節により異なる）　不定休　料金：大人￥2800・小人（4才〜中学生）￥1400・学生割引￥2200　http://www.kamogawa-seaworld.jp/

総合レクリエーション公園
東西3キロメートルもの広大な敷地内にあらゆるタイプの遊び場が連なる。赤ちゃんからキッズまで、月齢を問わずいろんな遊びが楽しめる。
東京都江戸川区西葛西6-11から南葛西7-3　Tel：03-3675-5030　http://www.city.edogawa.tokyo.jp/shisetsuguide/bunya/koendobutsuen/c_recreation/

清水公園
世界初の噴水迷路やマス釣り場（どちらも有料）など珍しいアクティビティが。※フィールドアスレチックは改修工事中（〜2016年3月中旬）
千葉県野田市清水906　Tel：04-7125-3030　Open：12:00〜16:15（季節により異なる）　無休　料金：アクアベンチャー大人￥650・4才〜小学生￥550・65才以上￥250　http://www.shimizu-kouen.com/

夕やけ小やけふれあいの里
四季折々の自然を感じながらのびのびと暮らすポニーやウサギ、モルモットたちとふれあえる。バーベキュー・キャンプ場、宿泊施設も併設。
東京都八王子市上恩方町2030　Tel：042-652-3072
Open：9:00〜16:30（11月〜3月は〜16:00）　無休　料金：大人￥200・中学生以下￥100・4才未満は無料　http://www.yuyakekoyake.jp/

国営昭和記念公園
広大な園内には、様々な遊具があるだけでなく、四季折々の花が楽しめる。芝生広場やバーベキューガーデンでのランチピクニックもオススメ。
東京都立川市緑町3173　Tel：042-528-1751　Open：9:30〜16:30（季節により異なる）　休：年末年始・2月の第4月曜とその翌日　料金：大人（15才以上）￥410・小中学生￥80・小学生以下無料　http://www.showakinen-koen.jp/

こどもの国
ドラム缶のいかだや東京ドームの屋根と同素材のモーモードームなどおもしろ発想の遊具がいろいろ。プールや野外アイススケート場も（別料金）。
神奈川県横浜市青葉区奈良町700　Tel：045-961-2111　Open：9:30〜16:30（7月・8月は〜17:00）　休：水曜・年末年始　料金：大人・高校生￥600・小中学生￥200・幼児（3才以上）￥100・3才未満は無料　http://www.kodomonokuni.org

GO! GO! LET'S PLAY

SPOT 3 | AMUSEMENT PARK
遊園地＆テーマパーク

LET'S PLAY TOGETHER

大人になっても心に残るスペシャルな思い出はここで！

よみうりランド
憧れのヒーローと握手できるかも!?
仮面ライダーやアンパンマンなどステージショーがとにかく大充実！ キッズも楽しめるミニコースターやアシカショーなどもオススメ！
東京都稲城市矢野口4015-1　Tel：044-966-1111　Open：9:00～17:00（季節により異なる）　不定休　料金：（ワンデーパス）大人￥4000・子供（3才～高校生）￥3000　http://www.yomiuriland.com/

浅草花やしき
手軽に行ける都内の遊園地として言わずとしれたスポット。忍者体験道場など花やしきならではの一風変わったアトラクションも。
東京都台東区浅草2-28-1　Tel：03-3842-8780　Open：10:00～18:00（季節・天候により変動あり）　休：メンテナンス休園　料金：（入園料）大人（中学生以上）￥1000・小人（小学生）￥500・未就学児は無料　http://www.hanayashiki.net/

あらかわ遊園
キッズ向けの優しいアトラクションが多く揃う。ベビーカーの貸し出しや授乳室、おむつの交換台などが充実していて、家族に嬉しい。
東京都荒川区西尾久6-35-11　Tel：03-3893-6003　Open：9:00～17:00（季節により異なる）　休：火曜（祝日の場合は翌日）、12/29～1/3　料金：大人￥200（65才以上￥100）・小中学生￥100（平日無料）・未就学児は無料　https://www.city.arakawa.tokyo.jp/yuuen

カンドゥー
親子三世代で楽しめるテーマパーク。英語で進行する仕事体験や大人も参加できるものもあり、親子で楽しめる。
千葉県千葉市美浜区豊砂1-5イオンモール幕張新都心 ファミリーモール3F　Tel：0570-085-117　Open：10:00～（終了は曜日により異なる）　不定休　料金：（季節により異なる）　http://www.kandu.co.jp/

サンリオピューロランド
ハローキティをはじめとするサンリオキャラクターに会える屋内型テーマパーク。子供と一緒にママも楽しめること、間違いなし！
東京都多摩市落合1-31　Tel：042-339-1111　Open：10:00～18:00（日により異なる）　不定休　料金：（パスポート）大人（18才以上）平日￥3300・休日￥3800・小人平日￥2500・休日￥2700　http://www.puroland.jp/

ナンジャタウン
大人気「妖怪ウォッチ」のアトラクションや、全国のご当地餃子が揃う「ナンジャ餃子スタジアム」などがある。アニメ作品とのコラボイベントも随時開催中。
東京都豊島区東池袋3サンシャインシティ・ワールドインポートマートビル2F　Tel：03-5950-0765　Open：10:00～22:00　不定休　料金：（パスポート）大人（中学生以上）￥3300・小人（4才～小学生以下）￥2600　http://www.namco.co.jp/tp/namja/

キッザニア東京
リアルな仕事体験で夢膨らむ！
約3分の2のサイズで作られたこどもサイズの街で、ベーカリーや銀行、警察署など90種類以上の仕事やサービスを楽しみながら体験できる。
東京都江東区豊洲2-4-9 アーバンドッグららぽーと豊洲 NORTH PORT3F　Tel：0570-06-4646　Open：（二部制）不定休　料金：平日・休日により値段が異なる（詳しくはHPに）　http://www.kidzania.jp/tokyo/

J-WORLD TOKYO
「ジャンプ」作品のアトラクションを体験！ ココでしか手に入らないスペシャルグッズも多数あり。
東京都豊島区東池袋3サンシャインシティ・ワールドインポートマートビル3F　Tel：03-5950-2181　Open：10:00～22:00　無休　料金：（パスポート）大人（高校生以上）￥2600・小人（4才～中学生以下）￥2400・3才までは入園無料　http://www.namco.co.jp/tp/j-world/

横浜アンパンマンこどもミュージアム＆モール
アンパンマンごうが運転できたり、仕掛けのあるウィンドウなどアンパンマンの世界に迷い込んだかのような体験型ミュージアム。
神奈川県横浜市西区みなとみらい4-3-1　Tel：045-227-8855　Open：10:00～18:00（入館は～17:00、モールは～19:00）　休：元日　料金：￥1500（1才以上）モールは入場無料　http://www.yokohama-anpanman.jp/guide/index.html

さがみ湖リゾート　プレジャーフォレスト
遊園地と温泉、キャンプ場、バーベキュー場がひとつになった巨大レジャーパーク。友人家族といっしょにお出かけするのにおすすめ！
神奈川県相模原市緑区若柳1634　Tel：042-685-1111　Open：10:00～16:00（季節により異なる）　休：木曜（祝日を除く）　料金：（フリーパス）大人（中学生以上）￥3700・小人￥3000　http://www.sagamiko-resort.jp/

トーマスタウン新三郷
往年の名作「きかんしゃトーマス」の世界観を再現した施設。トーマスやパーシーに乗ったり、いっしょに写真も撮れる。限定グッズもチェック！
埼玉県三郷市新三郷ららシティ3-1-1 2F　Tel：048-954-6518　Open：10:00～21:00　無休　料金：￥400を2トーマス、￥1200を8トーマスに替え、園内で使用。http://www.thomastown.jp/shinmisato/

レゴランド・ディスカバリー・センター東京
レゴ®ブロックでできた東京の名所などレゴ好きにはたまらない世界。パーティルームではお誕生会も開催できる（別料金）。
東京都港区台場1-6-1デックス東京ビーチ アイランドモール3F　Tel：03-3599-5168　Open：10:00～20:00（土日祝は～21:00）　不定休　料金：1名のみ（3才以上）￥2300・（2名以上）1人￥2200

Chapter 6 | Happy Family Life

SPOT 4 KIDS CAFE & RESTAURANT
親子カフェ&レストラン

キッズが飽きない
仕掛けがいっぱい！
ママ友と会うときにもオススメ♡

東映ヒーローワールド
憧れのヒーローから悪の集団まで、東映の特撮番組に登場するマシンやロボットがズラリ。ヒーロー道場などもあり、1日中楽しめる!!
千葉県千葉市美浜区豊砂1-5イオンモール幕張新都心内 Tel：043-306-7270 Open：10:00～18:00（最終入場は～17:00）不定休 料金：遊び放題パスポート大人・子供共通￥2000 http://toei-heroworld.jp/index.php

東京ワンピースタワー
子供から大人までを夢中にさせ、いまやワールドワイドな人気を誇る『ワンピース』の世界をまるごと体感できる唯一のテーマパーク。
東京都港区芝公園4-2-8 東京タワー フットタウン Tel：03-5777-5308 Open：10:00～22:00 無休 料金：(当日券)大人￥3200・小人（4才～12才）￥1600 http://onepiecetower.tokyo

川崎市 藤子・F・不二雄ミュージアム
ドラえもんの土管やどこでもドアなどが置かれた屋上"はらっぱ"やミュージアムカフェなど見所満載！館内にはキッズスペースもあり。
神奈川県川崎市多摩区長尾2-8-1 Tel：0570-055-245 Open：10:00～18:00 休：火曜（臨時休館あり）料金：大人￥1000・中高生￥700・小人（4才以上）￥500・3才以下は無料 http://fujiko-museum.com/

東京ジョイポリス
人気映画やマンガなどとコラボしたアトラクションが豊富。都会にいながら異次元空間にワープしたようなスペシャル感が味わえる。
東京都港区台場1-6-1デックス東京ビーチ3～5F Tel：03-5500-1801 Open：10:00～22:00（最終入場は～21:15）不定休 料金：(パスポート)大人￥3900・小中高生￥2900 http://tokyo-joypolis.com/

京王れーるランド
線路をモチーフにしたアスレチック「アスれーるチック」やコレクションギャラリーなど、キッズに嬉しいエリアが充実。屋外には車両の展示も。
東京都日野市程久保3-36-39 Tel：042-593-3526 Open：9:30～17:30（最終入館は～17:00）休：水曜（祝日の場合は翌日）年末年始 料金：￥250（3才以上）http://www.keio-rail-land.jp/

おやこcafé verde
店内のヒーリングスペースでは整体やネイル（どちらも有料）、託児サービス（1時間1人につき￥500）も。ママに嬉しいごほうびカフェ！
東京都大田区山王3-7-3 Tel：03-5709-7520 Open：10:00～17:00 休：土日祝（大人4名以上の予約があれば営業）http://www.cafe-verde.net/

CAFE ANNTEANA
メニューは子どもが安心して食べるナチュラルフードが中心。クライミングができる壁など小さな仕掛けもいっぱい。誕生日会にもおすすめ。
東京都渋谷区代官山町12-16シンフォニー代官山102 Tel：03-6455-0957 Open：11:00～21:00（日曜は～17:00）休：火曜 http://annteana.com/

GLOU GLOU REEFUR
梨花さんが手がける人気カフェは、ベビーカーでの利用もしやすい広々とした店内。メニューは新鮮な食材をシンプルに調理した料理が中心。
東京都渋谷区猿楽町24-7 代官山プラザビル2F Tel：03-5459-2910 Open：11:00～21:00 不定休 https://www.maisondereefur.com/cafe

Miki's Art Café
オーナーのミキさん手作りのパスタやサンドイッチなど、子供が好きなメニューがズラリ。こだわりの自然素材を使ったアットホームなカフェ。
東京都渋谷区幡ヶ谷3-16-3 Tel：080-7013-4570 Open：10:00～22:00 休：火・水曜日

アロハテーブル中目黒
ハワイアンフードが楽しめるカフェ&ダイニング。ベビーカーも入りやすいテラス席は天気のいい日におすすめ。中目黒駅からのアクセスも◎。
東京都目黒区上目黒1-7-8 aparto nakameguro1F Tel：03-6416-5432 Open：11:30～23:30（日祝は～23:00）無休 http://nakameguro.alohatable.com/

イルソーレ
ランチはお手軽なキッズプレート、ディナーでは本格的なイタリアンが楽しめる。キッズスペースもあり、ママも安心して食事を満喫できる。
東京都杉並区下高井戸1-40-8野﨑ビル2F Tel：03-6795-7723 Open：11:30～16:00、18:00～21:00 休：月曜 料金：(キッズスペースをランチタイムに利用の場合)小人（0～6才）30分ごとに￥100 http://www.oyakocafe-ilsole.com/

Organic Cafe Lulu
親子で楽しく英語を学べる！
インターナショナルスクールが手がける英語カフェ。500冊もの英語の児童書や海外のおもちゃが並び、大人も子供も英語が学べる。
東京都江東区木場5-6-30 Tel：03-5809-9922 Open：10:00～19:30 休：日曜・祝日

かまいキッチン
日本の家庭料理をベースにした優しいごはんとおやつが人気。座敷や授乳スペースもあり、月齢が若い赤ちゃんと遊びに行くのにおすすめ。
東京都世田谷区北沢2-33-6ミチル2ndビル2F Tel：03-6318-5323 Open：11:00～17:00（予約がある場合は～20:00）土日祝12:00～20:00 休：火曜 http://kamaykitchen.blogspot.jp

ピクニックカフェ ワンガンズー アドベンチャー
高さ6mにも及ぶ巨大キリンや大型立体遊具などがあるテーマパークのようなレストラン。働くママのためのワーキングスペースも併設。
東京都中央区勝どき4-6-1 Tel：03-6219-9255 Open：10:00～18:00 無休 http://picniccafe-wangan.jp/

ぽたかふぇ。
陶器に絵付けをする"ポタリー"が体験できるカフェ。子供の手形や足形プレートも作れる。美味しいキッズプレートやスイーツも充実。
東京都杉並区高円寺北3-21-5-2F Tel：03-5373-8099 Open：11:00～21:00 休：木曜（祝日の場合は翌日の金曜）http://pottercafe.main.jp/

親子カフェ Three Tea's Cafe 三軒茶屋
毎週金曜に行われるランチタイムショー。リトミック要素を取り入れたエンターテイメント性の高いステージに子供たちはクギ付け！
東京都世田谷区太子堂2-8-12佐々木ビルB1F Tel：03-3487-8159 Open：毎週金曜11:30～14:30（月に一度は土日の営業も）http://three-teas-cafe.com/

太古レストラン ダイナソー
巨大な恐竜のオブジェがそびえ立つ店内は、まるで古代にタイムスリップしたかのよう！ 恐竜にまたがり店内を散歩するイベントなども。
神奈川県大和市代官2-16-12-1F Tel：0462-40-6947 Open：11:00～23:00 休：火曜 http://www.k-scc.co.jp/dinosaur/

GO! GO! LET'S PLAY

SPOT 5 | MUSEUM 美術館＆博物館 | クリエイティビティを刺激する最新ミュージアムを体感！

リスーピア
理数系頭脳を育てる仕掛けが満載

理科や算数・数学のおもしろさを全身で体感できる新感覚のミュージアム。素数ホッケーなどさまざまな体験型展示で理数の原理・法則を楽しみながら学べる。週末にはショーやワークショップが開催される。

東京都江東区有明3-5-1パナソニックセンター東京内　Tel：03-3599-2600　Open：10:00～18:00　休：月曜・年末年始　料金：無料(3Fのディスカバリーフィールドのみ大人￥500)　http://www.panasonic.com/jp/corporate/center/tokyo/risupia.html

横浜美術館 子どものアトリエ
創造力を引き出す良質な講座

12才までの子供を対象にしたワークショップを数多く開催。幼稚園、小学校低学年、高学年と年齢に合わせた丁寧な美術講座が大人気。

神奈川県横浜市西区みなとみらい3-4-1　Tel：045-221-0300　Open：10:00～18:00　休：木曜・年末年始　料金：講座により異なる　http://yokohama.art.museum/

ギャラクシティ
足立区の学んで遊べる体験型複合施設。親子で楽しめるイベントが目白押しの他、国内最大級のネット遊具やプラネタリウム(有料)も人気。

東京都足立区栗原1-3-1　Tel：03-5242-8161　Open：9:00～20:30（子ども体験エリアは～18:00）　休：毎月第2月曜（祝日の場合はその翌日）・元日　料金：無料　http://www.galaxcity.jp

チームラボ アイランド ―学ぶ！未来の遊園地―
共同で創造的なアート体験を楽しむ『共創』がコンセプト。自分が描いた魚が目の前の巨大水族館で泳ぎ出す「お絵かき水族館」など計7作品を体験できる。

埼玉県富士見市山室1-1313　Tel：049-257-5662　Open：10:00～18:00（最終入場は～17:30）　休：ららぽーと富士見の休館日に準じる　料金：①フリーパス1人￥1200②最初の30分1人￥500・延長20分毎￥300　http://island.team-lab.com/

東京都水の科学館
水の不思議と大切さをサイエンスの観点で紹介。360度パノラマの大迫力映像「水のたびシアター」や「水の実験室」などすべて無料。

東京都江東区有明3-1-8　Tel：03-3528-2366　Open：9:30～17:00　休：月曜・年末年始　料金：無料　http://www.mizunokagaku.jp

日本科学未来館
科学技術を楽しみながら体験できる常設展から親子で一緒に遊べる無料スペースまで、あらゆる年齢のキッズが好奇心を満たされる科学館。

東京都江東区青海2-3-6　Tel：03-3570-9151　Open：10:00～17:00　休：火曜・年末年始　料金：大人620・18才以下￥210　http://www.miraikan.jst.go.jp/

科学技術館
2～5階のフロアにはあらゆる角度からとらえたサイエンスにまつわる展示が。科学技術の進歩に合わせて展示内容も更新されている。

東京都千代田区北の丸公園2-1　Tel：03-3212-8544　Open：9:30～16:50（入館は～16:00）　休：水曜不定休・年末年始　料金：大人￥720・中高生￥410・小人（4才以上）￥260　http://www.jsf.or.jp

国立科学博物館
1877年に創立した歴史ある国立の総合科学博物館。宇宙の誕生から現代までの地球と生き物の歴史を辿る。子供たちの学習支援にも積極的。

東京都台東区上野公園7-20　Tel：03-5777-8600（ハローダイヤル）　Open：9:00～17:00（金曜は～20:00、入館は各30分前まで）　休：月曜・年末年始　料金：一般￥620・高校生以下無料（特別展は別料金）　http://www.kahaku.go.jp

消防博物館
江戸時代から現在まで、日本の消防の歴史が学べる博物館。写真は出場のしくみを紹介するショーステージ。屋外にある消防ヘリコプターも搭乗可。

東京都新宿区四谷3-10　Tel：03-3353-9119　Open：9:30～17:00　休：月曜　料金：無料　http://www.tfd.metro.tokyo.jp/ts/museum.html

多摩六都科学館
最大の魅力は1億4000万個を越える星が広がる、ギネスに認定されたプラネタリウム。高輝度LED光源で映し出すリアルな星空に感動！

東京都西東京市芝久保町5-10-64　Tel：042-469-6100　Open：9:30～17:00　休：月曜・祝日の翌日・年末年始他　料金：(入館券) 大人￥500・小人（4才～高校生）￥200　http://www.tamarokuto.or.jp/

彫刻の森美術館
7ヘクタールの庭園に点在する彫刻家の名作たち。大自然の中で遊びながらアートに触れることができる。企画展なども多数。

神奈川県足柄下郡箱根町ニノ平1121　Tel：0460-82-1161　Open：9:00～17:00　無休　料金：一般￥1600・大高校生￥1200・小中学生￥800　http://www.hakone-oam.or.jp/

電車とバスの博物館
東急電鉄の旧型車両に出会えるマニア垂涎のスポット。電車の操縦体験シミュレーターやパノラマ模型運転コーナーなど参加型のものも多数。

神奈川県川崎市宮前区宮崎2-10-12　Tel：044-861-6787　現在リニューアルオープンのため工事中。2016年春に再開の予定。　http://www.tokyu.co.jp/

東京都現代美術館
子供たちのアートへの理解をより深めるため、学芸員とともに館内や展示室をめぐるツアーを開催。美術館を何倍も楽しむ工夫がいっぱい。

東京都江東区三好4-1-1　Tel：03-5245-4111　Open：10:00～18:00　休：月曜他　料金：企画展により異なる　http://www.mot-art-museum.jp/

陶芸dakota工房
赤ちゃんから大人まで、陶芸の楽しさを気軽にエンジョイできる。親子ワークショップやサタデー陶芸ナイトという楽しいイベントなども。

東京都台東区寿4-6-11　Tel：03-6318-9920　料金：クラスにより異なる　http://www.dakota-kobo.com/

栃木県子ども総合科学館
実物大のH2ロケットの模型が目印。宇宙科学から、エネルギーや電気通信の科学まで、サイエンスに関するあれこれが学べる。

栃木県宇都宮市西川田町567　Tel：028-659-5555　Open：9:30～16:30　休：月曜・第4木曜・祝日の翌日・年末年始　料金：(展示場)大人￥540・小人（4才～中学生）￥210　http://www.tsm.utsunomiya.tochigi.jp/

宇宙ミュージアム TeNQ (テンキュー)
いろいろな視点から心地よく宇宙を楽しめるエンタテインメント施設。各エリアにストーリー性があり、大人も子供も感動できる。

東京都文京区後楽1-3-61　Tel：03-3814-0109　Open：11:00～21:00（土日祝は10:00～、最終入館は～20:00）　無休　料金：(当日券) 一般￥1800・大高校生￥1500・4才～中学生￥1200（4才未満は入場不可）　http://www.tokyo-dome.co.jp/tenq/

白金陶芸教室
家族で陶芸を楽しむ特別コースが。キッズでも簡単にできるようなサポートも充実。親子での共作で、思い出を形にするのもおすすめ！

東京都港区白金5-13-4　Tel：03-6318-5858　Open：10:00～21:00（月火水は～18:30）　休：水曜　料金：家族で陶芸コース1人￥3420～　http://www.sirokanetougei.com/

SPOT 6 | INDOOR PARK 室内遊び | 天候に左右されず遊べる室内パークはママとパパの味方！

グロースリンクかちどき
親子で築く子育てコミュニティ

大きなジャングルジムがある「プレイホール」や親子でできるレッスンスタジオ「マナViva!」など、多方面から子育てをサポートする施設。

東京都中央区勝どき1-3-1　Tel：03-5859-0825　Open：10:00〜17:00　休：月曜・年末年始　料金：（プレイルーム）初回会員登録料1名￥500（税別）（以降無料）http://growthlink.jp/

アネビートリムパーク
ママも学べるいこいの場

幼児教育の先進国であるヨーロッパの遊具が多数揃う。完全屋内施設で寒い冬も思いきり体を動かして遊べる！

東京都江東区青海1-3-15ヴィーナスフォート1F　Tel：03-5500-2300　Open：10:00〜20:00　無休　料金：（会員）子ども（6ヶ月〜12才）1時間￥1000（延長15分毎￥250）・大人1交代なし￥1000・交代あり￥1500　※会員登録無料　※5ヶ月以下の子ども無料　http://anebytrimpark.com

ASOBono!（アソボーノ）
子供が主役の「遊びの共和国」をコンセプトに、様々な遊具を取り揃えた屋内型キッズ施設。ファミリーで遊べて"家族力"が高まる！

東京都文京区後楽1-3-61　Tel：03-5800-9999　Open：10:00〜18:00（土日祝9:30〜19:00）　無休　料金：大人￥930・小人（6ヶ月〜小学生）60分￥930（延長30分毎￥410）https://www.tokyo-dome.co.jp/asobono/

GLACELIBERTY オンパミード
乳幼児から小学生までが楽しめる立体遊具が中心。短時間のお預かりお留守番サービスもあり、急用のときにもサポートしてもらえる。

東京都足立区西新井1-1-11ソラーナ清水1F・2F　Tel：03-5838-1291　Open：10:00〜19:00　無休　料金：大人￥200・小人フリーパス（平日）￥1300（土日祝）￥1800　http://www.onpamido.jp/

キンダーベース明大前
エアスライドやトランポリンなど大型の遊具もあり。Twitter（@KinderBase）で随時混雑状況をアップデートしているのもありがたい。

東京都世田谷区松原2-27-14　Tel：03-3321-0041　Open：10:00〜17:00　無休　料金：（平日）1日大人￥250・小人￥550（土日祝）1日大人￥250・小人￥850　http://kinder-base.com/

アメイジングワールド ルララこうほく店
子供たちの創造性と社会性を高める、学んでできる大型キッズパーク。登る、すべる、跳ねる、など全身を使うさまざまなアスレチックが並ぶ。

神奈川県横浜市都筑区中川中央2-2-1 ルララこうほく4F　Tel：045-595-3600　Open：10:00〜18:00（土日祝は〜19:00）　不定休　料金：（1DAYパス）￥1050・（1時間パス）￥530・（会員登録料）1家族￥330（年更新）http://www.amazingworld.jp/rulala

東京こども区 こどもの湯
銭湯のような外観をくぐると、そこには史上最大級のボールプール温泉が！併設されたレトロなショップエリアには射的や駄菓子屋さんも。

東京都墨田区押上1-1-2　東京ソラマチ　Tel：03-5637-8054　Open：10:00〜21:00　無休　料金：大人1時間￥540（延長30分毎￥300）・小人（小学2年生以下）1時間￥1080（延長30分毎￥600）http://www.kodomoku.com/

ソユー ひみつの森
一番の特長は1年中水遊びができる「ひみつの滝」があること。着替えルームや足洗い場、鍵付きロッカー、乾燥機、レンタルの服やタオルも無料。

埼玉県久喜市菖蒲町菖蒲6005-1 モラージュ菖蒲1F　Tel：0480-87-1931　Open：10:00〜21:00　無休　料金：大人平日無料（休日は2名まで無料、3名からは1人￥300）・小人30分￥600（以降15分毎￥250）平日フリータイム￥1200、土日祝2時間パック￥1200　http://soyu-am.jp/soyu_cms/himitsu/

KID-O-KID パサージオ（西新井）店
遊び場の少ない現代の子供たちがのびのびと心と頭と体を動かせるよう、様々な屋内の遊具を揃えている。プレイリーダーが親子の遊びをサポート。

東京都足立区西新井栄町1-17-1パサージオ4F　Tel：03-5888-6081　Open：10:00〜19:00　無休　料金：大人￥500・小人（6ヶ月〜12才）最初の30分￥600（延長10分毎￥100）http://www.bornelund.co.jp/kidokid

あそびパーク ナムコ
抗菌処理されているホワイトサンドの砂場には大小さまざまなおもちゃが。水に濡らさなくても固まる砂もあり、飽きない工夫がたくさん。

神奈川県川崎市幸区堀川町72-1 ラゾーナ川崎プラザ4F　Tel：044-874-8442　Open：10:00〜23:45（あそびパーク〜21:00）　休：ラゾーナ川崎プラザの休みに準じる　料金：大人10分￥170（税込）・小人（0〜8才）10分￥170（税込）http://www.namco.co.jp/am/asobipark/

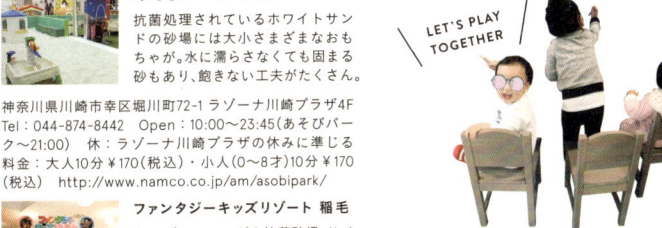

にこぱ 仙川店
2015年の夏にリニューアルを果たしてパワーアップ。ボールプールやクレヨンお絵描き部屋、滑り台など、気軽に楽しめる遊具がいろいろ。

東京都調布市若葉町2-1-7島忠ホームズ仙川店2F　Tel：03-5314-3300　Open：10:00〜20:00　無休　料金：大人￥150・小人（平日）20分￥300、（土日祝）20分￥450、延長10分毎￥120（フリータイム）￥660　http://www.shimachu.co.jp/shop/tokyo/313.html

ファンタジーキッズリゾート 稲毛
キッズレーシングや抗菌砂場、サイバーホイールなどが完備。好きな洋服を無料でお試しして写真が撮れるフォトファッションスタジオもある。

千葉県千葉市稲毛区長沼原町731-17フレスポ稲城イーストモール内　Tel：043-382-7788　Open：10:30〜18:30　土日祝10:00〜20:00　休：木曜・元日　http://www.fantasyresort.jp/

モーリーファンタジー イオン品川シーサイド店
全国各地のショッピングセンター内にあるアミューズメント施設。子供が楽しめる「わいわいぱーく」の他、親子で楽しめるゲーム機もあり。

東京都品川区東品川4-12-5 イオン品川シーサイド店2F　Tel：03-5782-9331　Open：9:00〜22:00　無休　http://www.fantasy.co.jp/

キッズランド トレジャーズ！アイランド
シェラトン ホテル内にあるキッズエンターテインメント施設。巨大なボールプールやキュートなおままごとスペースなど安全性の高い遊具が揃う。

千葉県浦安市舞浜1-9　Tel：047-355-5555　Open：10:00〜19:00　無休　料金：保護者無料・小人（0〜12才）1時間￥620　http://www.sheratontokyobay.co.jp/

GO! GO! LET'S PLAY

LET'S PLAY TOGETHER

HELLO!

s'eee Mama & Baby | Page. 112

THE AGE OF 30

photographer:Satoshi Kuronuma
hair&make-up:RIE
stylist:NIMU

30歳を迎えてえみが想うこと

昨年の秋に30代のトビラを開けたえみ。
母として、妻として、モデルとして。

ワンピース（カムフォーブレック ファスト）／H30 ファッションビューロー　シューズ（アウラ アイラ）／ドラスティック　ソックス／スタイリスト私物

Chapter 6 | Happy Family Life

Age Ain't Nothing But A Number

"25歳を過ぎたら、年齢はただの数字になった"

いろんなことが
受け止められるようになって、
人生がだいぶ楽に！

「30歳」と言っても、そんなに意識はできてない…。25歳を過ぎたくらいから年齢はただの数字になってしまって、ときどき年を聞かれて「あれ、私って何歳だったっけ!?」ってなったり。とにかく1年が過ぎることへの感じ方がすごく早くて、すべてがあっという間。だからこそ、「もっといろんなことをやらなきゃ」という思いもあります。大人になるにつれ、責任って言葉ばかりが増えていくけど、根本的なところはあまり変わってない気がするな。いまだに公的な手続きとか、ちょっと緊張するし（笑）。

ただ、いろんなことが受け止められるようになっていったり、視野が広くなったり、そういう部分は変わったと思います。それが人生を上手に楽しむ方法なんだと思う。自分自身も肩の力が抜けてだいぶ楽になりました。

ずっと忙しくしていたい。
それが自分の存在意義になるから

5年後、10年後のことは正直言ってまったく想像つかないし、想像することもあまりないけど、今と変わらずめまぐるしい毎日を送っている気がします。というか、そうでありたい。求められる、ということが、私の存在意義につながるし、できればこれから先も、ずっとそれを見つけていきたいです。自分のインスタグラムやブログに"セブンティーン時代から好きです"というファンの方たちからのメッセージをよくいただくんですが、長く私を見守ってくれてるファンの方がいるってことは本当に嬉しいことです。これからも一緒に年を重ねていきたいと思っています。

娘には質のいい経験を
たくさんさせてあげたい

娘も昨年2歳の誕生日を迎えて、今ではお話もたくさんできるようになって、日々いろんなことを吸収していっているのが、手にとるようにわかります。私にとっての1年は30分の1だから高速で過ぎていくけど、彼女にとっての1年は2分の1だから、1日1日が濃厚で貴重。だからこそ、その"毎日の体験"を質のいいものにしてあげたい、と常に思っていて。例えば、なにかをすごく素敵だとか可愛いって思うことも、そういった体験がなかったら感じとれないし、過去の知識や経験とリンクして、はじめてそれがどういうものなのかがわかる。生きてるって、結局はいろんな経験や体験の積み重ねで、感性を育てるってことも、"なにを経験しているか"ということだと思うんです。だから私は親として、そういう素敵な経験や体験を娘にはたくさん与えてあげたい。小さなことだけど、日常生活に使うアイテムをグッドデザインなものにしたり。今、多くのことを吸収する年齢だからこそ、娘の目に触れるもの、手に取るもの、味わうもの、すべてにおいて、できる限り良質なものを提供してあげたいって思うんです。だけど、子育てって本当にどこまでも奥が深いし、人生の勉強になる。日々、子供と向き合うことで、私自身も成長させてもらってるなって実感します。

今は子育てで精一杯だけど
彼と2人で過ごす時間も楽しみ

彼とは出会ってすぐに結婚を決めて、娘ができて…とめまぐるしかったので、そういう意味では2人きりで過ごした時間が意外に短いんです。

今は互いに娘に精一杯だけど、あっという間だった分、また娘が成長して、やがて2人の時間を過ごせる日々がまた来るのもとても楽しみです。お互い子育てを経て成長して、その先にはどんな世界が見えてるのかな。

THE AGE OF 30

I Hope My Daughter Will Have A Good Experience

なにかひとつ夢中になれるものを見つけてくれたらいいな

娘がこれから成長するにあたっては、とにかくケガをしないで、健康であってほしい！　まずそれが大前提ですが、プラスするなら、なにかひとつ夢中になれることを見つけてくれたらいいな、と思っています。これからは学校選びも含めて、いろんな選択を迫られる場面が訪れると思うけど、そのときに親としてできるだけ多くの選択肢を与えてあげたいし、もしその中のどれかに当てはまってくれたらとても嬉しい。とは言いつつも、思い通りにはならないだろうな〜と構えてますけど。好きなことを見つけるのって、簡単じゃないから。私も10代のとき、将来の夢を具体的に持っている周りの友達ってスゴイなって思っていたし、いまだに私は夢を聞かれるとアレもコレも、ってなって、全然ひとつにしぼれない（笑）。子供の将来を見極めることなんて到底できないけど、でも、親としてきっかけや選択肢を与えてあげることはできると思うから。今でも、例えばお絵描きをするときに、ただなんとなく始めるんじゃなくて、今日は赤いクレヨン、明日は青いクレヨン、みたいに小さなきっかけを与えるようにしています。完成したものに対する言葉のかけ方も大事。もし実物そっくりに描けたとしても「色使いがキレイだね」とか「すごく似てるね」とは言うけど、「上手だね」とは言わない。模写することだけが正解じゃないってことを知ってもらいたいから。ひとつの答えに導くんじゃなく、"いろんな正解がある"って思ってもらえるように気をつけています。そういう意味では、海外での経験も大事だと思っていて、日本は日本の良さがたくさんあるし素晴らしいところだけど、世界はその何百倍も何千倍も広くて、いろんな言葉やいろんな国がある。そういう場面で、柔軟性を持って交流できる人になってほしいから、世界を知るという体験もしてほしい、と思っています。

ワクワクすることを
少しずつ増やせたら幸せ

**女性として
「深呼吸」を忘れずに**

　私は忙しくしてるのが自分に合っていて、正直言うとボーっとしている時間はいらないタイプ。だからついつい走りすぎちゃうときもあるけど、女性として「深呼吸」することを忘れないようにしなきゃいけないなって思っています。いろんな意味での「深呼吸」。ときに自分を客観的に見たり、どこかで余裕をもったり。それは女性として素敵に年を重ねていく上で、誰にとっても大事なことだと思います。モデルの仕事を始めてから、今年で17年。当時と今とでは、時代がモデルに求めるものも変化してるし、今後もそれは変わっていくかもしれないけど、私としては自分がワクワクすることをちょっとずつ増やしていけたら幸せ。これからも人生の速度はどんどん上がっていくだろうし、走馬灯のように過ぎていくだろうけど、最後に自分に対して「いっぱい楽しんだね」と思えるように、なにごとにも妥協せず、諦めず、前進していきたいです。ときどきの「深呼吸」を忘れないようにしながら。

シャツ／ジョン ローレンス サリバン　デニムパンツ（The mix plus made in HEAVEN）／Cry.　バングル／Bijou R.I

SHOP LIST

【あ】
アーバンリサーチ ロッソ 京都ポルタ店　075-746-5350
アイラブベビー　03-6823-5300
赤すぐ内祝い　0120-864-300
アクタス　03-5269-3207
ASSOLATO　0120-047-205
アップリカ・チルドレンズプロダクツ　0120-415-814
アディクション ビューティ　0120-586-683
アディダス オリジナルス　0570-033-033
アニエスベー　03-6229-5800
アパルトモン ドゥーズィエム クラス 事業部　03-5459-2480
Abi Loves　www.abiloves.com
アミウ 代官山店　03-6416-4767
アメリカンアパレル カスタマーサービス　03-6418-5403
アリヴェデパール　03-5483-3221
アリエルトレーディング　0120-201-790
イヴ・サンローラン・ボーテ　03-6911-8563
イスコ　044-934-2541
イソップ・ジャパン　03-6434-7737
イマジン　06-6922-9534
今治タオル　0898-52-373008
ヴェレダ・ジャパン　0120-070601
卯三郎こけし　0279-54-6766
エアロライフ　03-6205-6210
エイ・ダブリュー・エイ　0798-72-7022
H3O ファッションビュロー　03-6438-9710
エイテックス　03-3264-1011
エイデン アンド アネイ　03-4550-6751
エジソン　03-5796-9740
エッチイーシーグループ　06-6361-8639
エレガンス コスメティックス　0120-766-995
大塚製薬　0120-550-708
おもちゃ箱　03-3759-3479

【か】
カシウエア　03-3486-5505
香月さんちのいちご畑　090-3071-6598
株式会社 東部　0568-32-1725
CALMA　03-5787-8856
キーロ　03-3710-9696
キイロイキ　06-6609-0120
kinö　03-5485-8670
ギミック　06-6756-7575
キャシーズチョイス　03-3686-4445
Gapフラッグシップ原宿　03-5786-9201
ギャラリー ミュベール　03-6427-2162
グースィー 原宿店　03-5771-2325
Kukkia　06-6447-0202
Cry.　03-6419-1939
クララ ンス　03-3470-8545
グリード　03-6721-1310
クレヨンハウス　03-3406-6308
ケイト・スペード ジャパン　03-5772-0326
コスメキッチン　03-5774-5565
コントリビュート　0422-76-8980
コンバース インフォメーションセンター　0120-819-217

【さ】
ザ デイズ トウキョウ 渋谷店　03-3477-5705
(株)サンーケイ　03-3561-6001
サンライズ　03-6427-2983
GIP-STORE　03-5489-4040
GMPインターナショナル　0120-178-363
資生堂インターナショナル　0120-30-4710
シップス 二子玉川店　03-5716-6346
ジャーナル スタンダード ファニチャー 渋谷店　03-6419-1350
ジャック・オブ・オール・トレーズ プレスルーム　03-3401-5001
シュクルリー デュ ジャポン バース スワティー　03-6380-1130
ジョン ローレンス サリバン　03-5428-0068
Swimava Japan カスタマーサービス　0859-21-8777
スウィート ルーム　03-6416-4944
Super heads　info@powershovel.co.jp　03-5728-5027
スタイラ　0120-207-217
STEP inc.　03-5774-4551
ストッケ　03-6222-3630
スナイデル ルミネ新宿2店　03-3345-5357
スラッシュ　03-6694-3514
西光亭　03-3468-2178
セドナ　03-5766-4830

【た】
たかくら新産業　0120-828-290
ダッドウェイ　0120-880188
通宝海苔　096-370-0066
つくるおとうさん　0268-75-8187
ツル バイ マリコ オイカワ　03-6826-8826
ティー エー ティー　03-5428-3488
ティーレックス　06-6271-7501
デイシー代官山店　03-5728-6718
ディプトリクス(ショールーム)　03-3409-0089
ディモア　0533-65-8255
デューン　03-5784-5840
テル・ア・テール(fāfā)　03-5797-7405
デルタ　03-3485-0933
トコちゃんドットコム　http://www.tocochan.com/
ともはぐ バレット　customer@tomohug.jp
ドラスティック　03-5773-1060

【な】
ニクソン　03-6415-6753
ニコベビー　090-3488-6689
ニックナック　044-955-0079
日本エイテックス株式会社　03-3264-1011

【は】
八代目儀兵衛　0120-7-05883
バナーバレット代官山　03-3464-5117
パナソニックサイクルテック お客様サポート　0120-781-603
バリンカ二子玉川ライズ S.C.店　03-6411-7606
ハルミ ショールーム　03-6433-5395
ピーズ & クリーム　03-6849-4182
ビーブランド　06-6370-4182
ビームス ジャパン　03-5368-7302
ビームス ジャパン1F　03-5368-7314
ビーンスターク・スノー お客様センター　0120-241-537
ピエール ファーブル ジャポン　0120-1717-60
PIENIKOTI jiyugaoka　03-3725-5120
Bijou R.I　03-3770-6809
ビジョン お客様相談室　03-5645-1188
ビッグズ　03-6427-7237
ビップ お客様相談室　06-6945-4427
フィセル　0533-66-0010
福猫屋　www.fukuneko-ya.org
富士フイルム　0120-596-221
Priv. Spoons Club 代官山本店　03-6452-5917
プリスマン　03-6433-5395
ブリヂストンサイクル株式会社 お客様相談室　0120-72-1911
ブリンク　03-5775-7525
ブルーダイヤモンド グロワーズ(マルサンアイ(株))お客様相談室　0120-92-2503
ブルーベル・ジャパン 香水・化粧品事業本部　03-5413-1070
フレイ アイディー ルミネ新宿2店　03-6273-2071
フローフシ　03-3584-2624
ベビービョルン　03-3518-9980
ヘレナ ルビンスタイン　0120-030-711
ボーネルンド　03-5411-8022
ポッカサッポロ　0120-885547
ポントン 代官山　03-3461-2788
ボンボンワンジャポン　03-5459-2218

【ま】
M・A・C(メイクアップ アート コスメティックス)　03-5251-3541
マッシュスタイルラボ　03-5778-2165
マッシュビューティラボ　03-5774-5565
マリタイムトレーディング　046-826-3545
MIE PROJECT　03-5465-2121
ミラ オーウェン ルミネ新宿2店　03-6380-1184
ミンバ　03-4400-3781
メデラ　03-3373-3450
メルヴィータジャポン　03-5210-5723

【や】
ヤマハ発動機株式会社 お客様相談室　0120-090-819
ヤマモ味噌醤油醸造元　0183-73-2902
ユーノイア デザインストア　0467-33-4488

【ら】
ラグ & ボーン 表参道　03-6805-1630
ラングスジャパン　03-5430-9181
リッチェル お客様相談室　076-478-2957
リトルレモネード　03-6457-1275
リトロワ　076-237-8831
レ・メルヴェイユーズ ラデュレ　0120-818-727
ロート製薬　06-6758-1230

【わ】
ワークスインターナショナル　03-6826-8826
ワコール お客様センター　0120-307-056

※この 「s'eee MAMA & BABY」に掲載されている商品、スポットの情報はすべて、2015年11月下旬現在のものです。
また、製品の値段は特別な表記のない限り、すべて税抜き価格となっております。
また本誌の中で特に記載のないもの、SHOP LIST に掲載のないものは、本人またはスタッフの私物となります。

SEE YOU NEXT ISSUE !

CREDIT

Editor in Chief：Emi Suzuki

Art direction & Design：Monet Terumoto (chanmone)
Edition & Writing：Sachiko Maeno

Writing：Miwa Ishii, Yukari Kawaguchi
Illustration：Esther Kim, Shogo Sekine, Helmet Underground & Riko
Special thanks to：HEAPS
Direction：Naoko Shizawa

「s'eee」official site　　http://seee.jp/
「s'eee」official Facebook　　https://www.facebook.com/seee.jp
「s'eee」official Instagram　　http://instagram.com/seee_official

s'eee MAMA & BABY
シー　　ママ　　アンド　ベイビー

発行日　2016年1月31日　第1刷発行

著者　鈴木えみ
　　　すずき
発行者　加藤　潤
発行所　株式会社 集英社

〒101-8050　東京都千代田区一ツ橋2-5-10
☎03(3230)6141(編集部)
☎03(3230)6080(読者係)
☎03(3230)6393(販売部・書店専用)

印刷所　大日本印刷株式会社
製本　共同製本株式会社

定価は本体に表示してあります。
本書の一部あるいは全部を無断で複写・複製することは、
法律で認められた場合を除き、著作権の侵害となります。
また、業者など、読者本人以外による本書のデジタル化は、
いかなる場合でも一切認められませんのでご注意ください。
造本には十分注意しておりますが、乱丁・落丁(本のページ順序の間違いや抜け落ち)
の場合はお取り替えいたします。
購入された書店名を明記して小社読者係宛にお送りください。
送料は小社負担にてお取り替えいたします。
但し、古書店で購入されたものについてはお取り替えできません。

©Emi Suzuki 2016, Printed in Japan
ISBN 978-4-08-781596-2　C0095